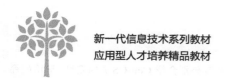
新一代信息技术系列教材
应用型人才培养精品教材

Linux系统管理实训教程

张东其 杨小霞◎主编

上海交通大学 出版社
SHANGHAI JIAO TONG UNIVERSITY PRESS

内容提要

　　本书采用的 Linux 版本是 CentOS 7。全书共 13 章,第 1～8 章分别介绍 CentOS 7 的安装、常用的命令与基本操作、用户管理与文件权限、网络的管理、文件系统与磁盘管理、软件包的安装与管理、进程的管理和服务的管理,这部分内容是基础内容,也是必学的内容;第 9～13 章主要介绍如何在 CentOS 7 上部署各种常见的服务,包括 web 服务(主要介绍 Apache 和 Nginx)、数据库服务(主要介绍 MariaDB)、文件共享服务(主要介绍 FTP、NFS 和 Samba)、DHCP 服务和 DNS 服务,最后介绍防火墙的配置与 SELinux。每章都有实训练习,并且针对实训任务给出了详细的操作步骤和解释,以便于学生练习。

　　本书可作为 Linux 相关课程教材,也可作为对 Linux 感兴趣人员的参考书。

图书在版编目(CIP)数据

　　Linux 系统管理实训教程/张东其,杨小霞主编. —
上海:上海交通大学出版社,2024.1
　　ISBN 978 - 7 - 313 - 28686 - 4

　　Ⅰ.①L… Ⅱ.①张…②杨… Ⅲ.①Linux 操作系统
—教材 Ⅳ.①TP316.85

　　中国国家版本馆 CIP 数据核字(2023)第 079107 号

Linux 系统管理实训教程
Linux XITONG GUANLI SHIXUN JIAOCHENG

主　　编:张东其　杨小霞
出版发行:上海交通大学出版社　　　　　　　地　　址:上海市番禺路 951 号
邮政编码:200030　　　　　　　　　　　　　电　　话:021 - 64071208
印　　制:上海万卷印刷股份有限公司　　　　经　　销:全国新华书店
开　　本:787mm×1092mm　1/16　　　　　印　　张:11.5
字　　数:288 千字
版　　次:2024 年 1 月第 1 版　　　　　　　　印　　次:2024 年 1 月第 1 次印刷
书　　号:ISBN 978 - 7 - 313 - 28686 - 4
定　　价:98.00 元

前　言

  Linux 操作系统是一种开源操作系统,其应用范围和领域在不断扩展,已经成为绝大部分 IT 从业人员必须掌握的操作系统,很多学校开设了 Linux 操作系统课程。但是,在实际的教学中发现,很多学生对这门课程的掌握情况不是很好,尤其在入门的时候,部分学生就被迫放弃,总结起来有下面几个原因:①Linux 操作系统为了实现操作高效,使用命令行来完成相关的操作;② 命令很多,命令的选项也很多;③ 要学习的内容很多,很繁杂。这使习惯了 Windows 等图形界面操作的同学很不适应,很容易在入门阶段就打退堂鼓。笔者针对以上问题,结合多年的教学经验,对教学中的理论知识和实验内容进行精心调整后编撰此书,使这门课程尽可能简单易学,降低学生入门的难度。同时,本书也引入了部分与职业学校技能大赛相关的习题。

  本书采用的 Linux 版本是 CentOS 7。全书共 13 章,第 1~8 章分别介绍 CentOS 7 的安装、常用的命令与基本操作、用户管理与文件权限、网络的管理、文件系统与磁盘管理、软件包的安装与管理、进程的管理和服务的管理,这部分内容是基础内容,也是必学的内容;第 9~13 章主要介绍如何在 CentOS 7 上部署各种常见的服务,包括 web 服务(主要介绍 Apache 和 Nginx)、数据库服务(主要介绍 MariaDB)、文件共享服务(主要介绍 FTP、NFS 和 Samba)、DHCP 服务和 DNS 服务,最后介绍防火墙的配置与 SELinux。每章都有实训练习,并且针对实训任务给出了详细的操作步骤和解释,以便于学生练习。

  本书第 1~5 章由杨小霞老师完成,第 6~13 章由张东其老师完成。由于笔者水平有限,书中难免存在疏漏之处,希望广大读者批评指正。同时,感谢出版社的老师为本书的出版付出的努力。

张东其

2023 年 9 月于兰州石化职业技术大学

目　　录

第 1 章　CentOS 7 的安装

Linux 是一种免费而且源代码公开的操作系统,目前应用领域非常广泛。由于现在常用的多数服务器操作系统、手机安卓操作系统、大数据和嵌入式开发等大多基于 Linux 环境。IT 行业对 Linux 技术人员的需求日益增长,所以学好 Linux 技术可以为将来的工作打下坚实的基础。

1.1　知识必备

1.1.1　Linux 操作系统简介

Linux 操作系统是一套免费使用的类 Unix 操作系统,也是常见的服务器操作系统之一,它的标志是一只名叫 Tux 的可爱小企鹅。1991 年 10 月 5 日,林纳斯正式向外宣布 Linux 内核系统诞生。后来史托曼发起了开发自由软件的运动,并成立了自由软件基金会和 GNU 项目,制作了很多很好的解释器和软件。两者结合,就诞生了 Linux 操作系统。严格来说,Linux 操作系统是指“Linux 内核＋各种软件”,但人们习惯使用 Linux 来形容整个 Linux 内核。

Linux 操作系统由系统的内核、系统的用户界面 Shell、文件系统和应用程序组成。Linux 的版本分为内核版本和发行版本,常见的发行版本有红帽企业系统(RedHat enterprise Linux,RHEL)、国际化组织的开源操作系统 Debian、基于 Debian 的桌面版 Ubuntu 和社区企业操作系统 CentOS(community enterprise operating system)。其中 CentOS 是将红帽企业系统重新编译并发布给用户免费使用,当前已正式加入红帽公司并继续保持免费,并随 RHEL 的更新而更新。

1.1.2　部署安装 CentOS 7 准备工作

在虚拟机中安装 Linux 系统是部署 Linux 系统的一种方式,这种方式适合初学者或者做实验,也可以采用安装双系统的方式安装 Linux 系统。本书推荐使用虚拟机安装方式。本书的实验环境应用 CentOS 7 系统。

虚拟机软件能够让用户在单一主机上同时运行多个不同的操作系统。每个虚拟操作系统的硬盘分区、数据配置都是独立的,而且多台虚拟机可以构建一个局域网。

软硬件准备:软件方面,虚拟机软件推荐使用 VMware Workstation,并且推荐在官网下载 CentOS 7 镜像文件;硬件方面,因为是在宿主机上运行虚拟化软件安装 CentOS 7,所以对宿主机的配置有一定的要求,目前主流的硬件配置可以满足虚拟机的安装需要。

1.1.3　远程登录 CentOS 7

Linux 一般作为服务器操作系统使用,而服务器放在机房,除特殊情况,一般不可能在机房操作 Linux 服务器。这时,就需要远程登录 Linux 服务器来管理维护系统。Linux 系统通过 SSH 服务实现远程登录功能,SSH 服务端口号默认为 22。

如果是 Windows 操作系统,则实现 Linux 远程登录时需要在机器上额外安装一个终端软件。目前比较常见的终端登录软件有 SecureCRT、Putty、SSH Secure Shell 和 Xshell 等,本书以 Xshell 为例介绍远程登录 Linux 服务器。

1.2　实训练习

1.2.1　下载安装虚拟机软件 VMware

实训步骤如下。

(1) 下载 VMware-workstation-full-15 软件安装包到本地磁盘。

(2) 安装虚拟机软件 VMware:双击软件安装包图标并按提示进行安装即可,如图 1-1 所示。

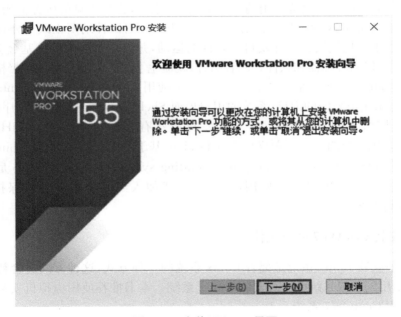

图 1-1　安装 VMware 界面

1.2.2　虚拟机的创建配置

由虚拟机软件 VMware 模拟出一台虚拟的计算机,即逻辑上的一台计算机。

实训步骤如下。

（1）打开虚拟机软件 VMware，选择创建新的虚拟机，如图 1-2 所示。

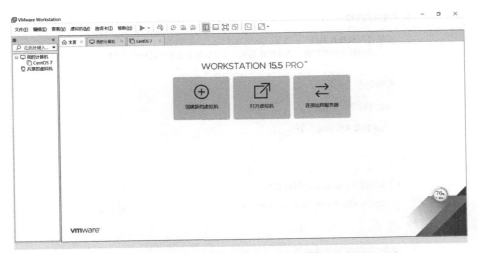

图 1-2　虚拟机软件的管理界面

（2）选择典型安装或自定义安装。典型安装：VMware 会将主流的配置应用在虚拟机的操作系统上，对于新手很友好，这里选择典型安装。自定义安装：可以针对性地把一些资源加强，把不需要的资源移除，避免资源的浪费，如图 1-3 所示。

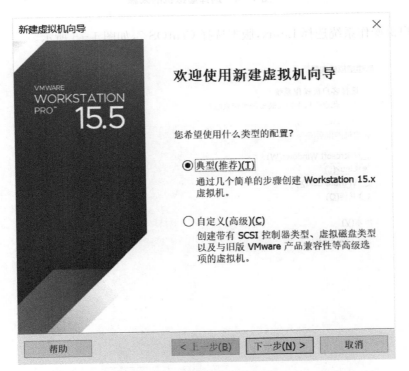

图 1-3　新建虚拟机向导

（3）选择稍后安装操作系统，如图 1－4 所示。

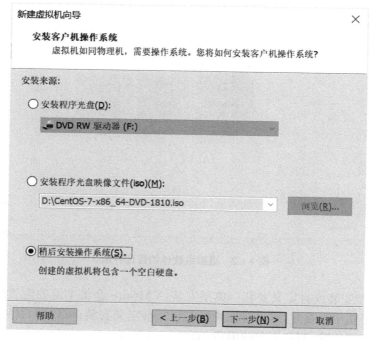

图 1－4　选择虚拟机的来源

（4）客户机操作系统选择 Linux，版本选择 CentOS 7，如图 1－5 所示。

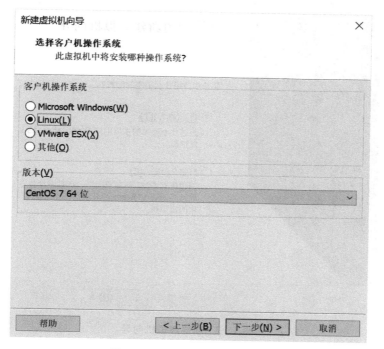

图 1－5　选择操作系统的版本

（5）设置虚拟机位置，命名虚拟机，以在虚拟机多的时候方便用户找到，如图 1 - 6 所示。

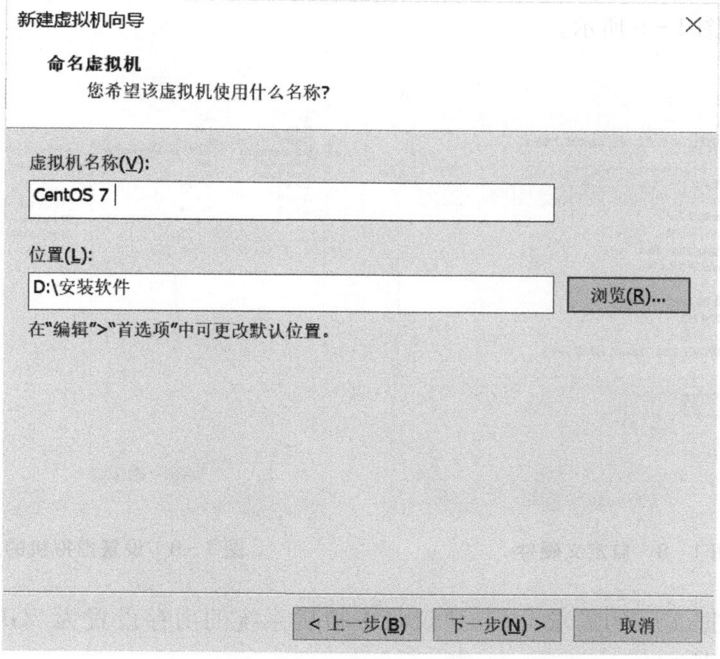

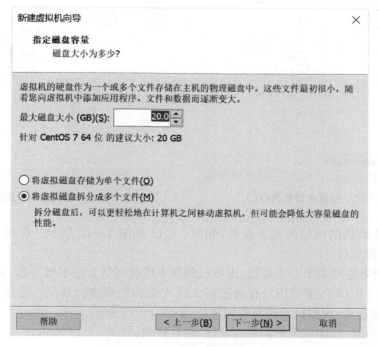

图 1 - 6　命名虚拟机和选择安装路径

（6）指定磁盘容量大小，如图 1 - 7 所示。

图 1 - 7　选择虚拟机最大磁盘大小

（7）选择"自定义硬件"按钮，进入配置界面，如图 1-8 所示。进行处理器与内存的分配，处理器要根据实际需求来分配，这里处理器数量与每个处理器的内核数量都设置为 1，并开启虚拟化功能。如图 1-9 所示。

图 1-8　自定义硬件

图 1-9　设置虚拟机的处理器

内存需要根据实际的需求分配，建议将虚拟机系统的内存设置为 2GB，最低不应低于 1GB，如图 1-10 所示。

图 1-10　设置虚拟机内存的

图 1-11　设置虚拟机的网络

（8）设置虚拟机的网络和光驱设备，如图 1-11 和图 1-12 所示。在图 1-12 中，选中 CentOS 7 的镜像文件。

（9）选择网络连接类型。①桥接：虚拟机和宿主机在网络上是平级关系，相当于连接在同一台交换机上。②NAT：虚拟机只有通过宿主机才能和外面进行通信。③仅主机：虚拟机与宿主机直接连接起来，虚拟机无法与外网通信，如图 1-12 所示。

（10）选择声卡、打印机等不需要的硬件，然后移除，如图 1-13 所示。

（11）完成硬件配置，如图 1-14 所示。

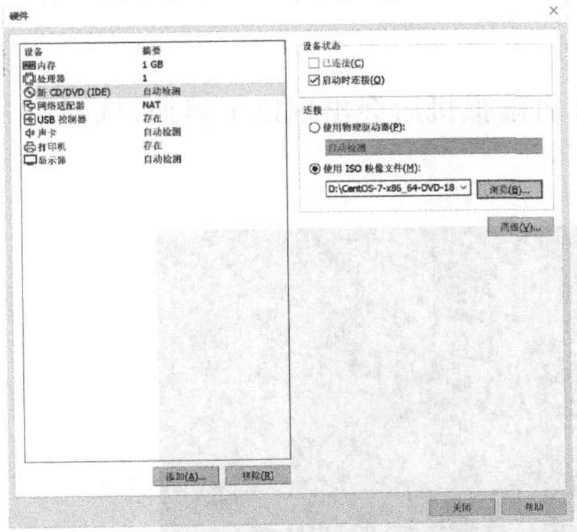

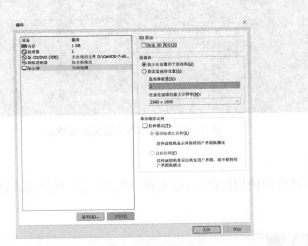

图 1-12　设置虚拟机的光驱设备 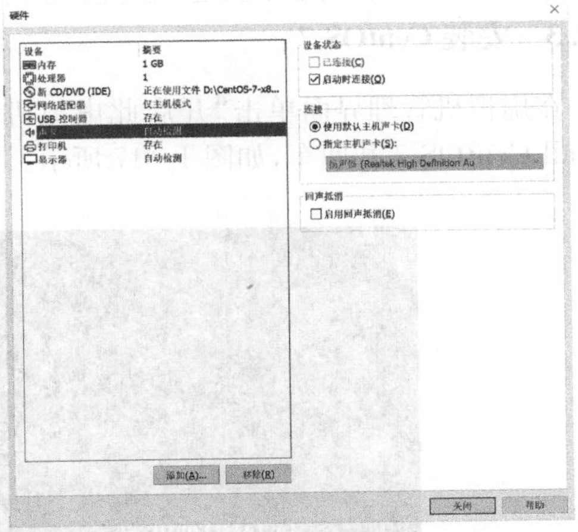　　　　　图 1-13　移除声卡

图 1-14　硬件配置完成

（12）虚拟机配置界面点击完成，如图 1-15 所示。完成创建和配置虚拟机，如图 1-16 所示。

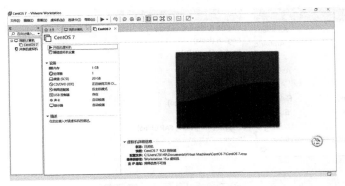

图 1-15　虚拟机向导完成

图 1-16　虚拟机配置成功的界面

1.2.3 安装 CentOS 7

在虚拟机管理界面单击"开启此虚拟机",开启虚拟机后会出现以下界面,选择第一项,Install CentOS 7 并回车,如图 1－17 所示。

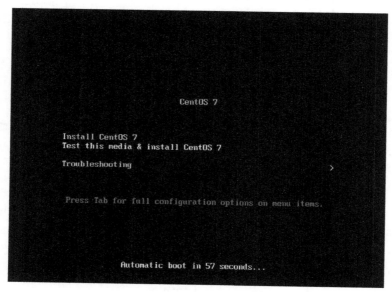

图 1－17 CentOS 7 系统安装界面

实训步骤如下。

(1)选择安装过程中使用的语言,这里选择英文,键盘选择美式键盘,然后点击 Continue,如图 1－18 所示。

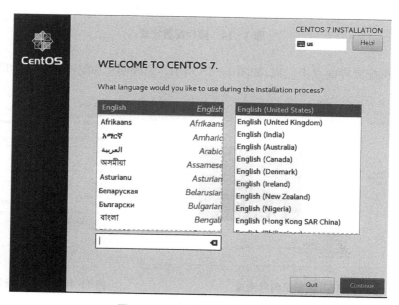

图 1－18 选择系统的安装语言

（2）进入系统的软件定制界面，如图 1 - 19 所示。

图 1 - 19　安装系统界面

（3）在安装系统界面选择 DATE & TIME 选项，设置时间及时区，时区选择上海，查看时间是否正确，然后点击 Done。

（4）在安装界面中单击 SOFTWARE SELECTION 选项，初学者建议选择 Server with GUI，然后点击 Done，如图 1 - 20 所示。

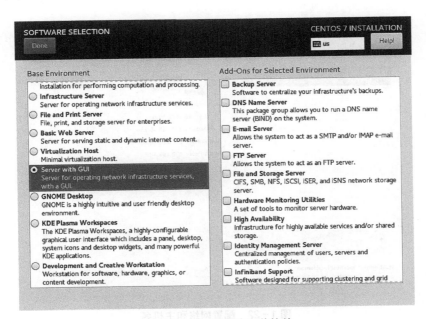

图 1 - 20　选择系统安装软件

（5）在安装系统界面，单击 INSTALLATION DESTINATION 选项来选择磁盘并设置分区。这里主要是对安装目的磁盘分区的相关配置，对于初学者来说，这里不需要进行设置，直接单击 Done 即可，如图 1-21 所示。

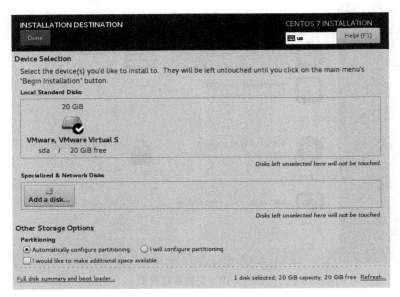

图 1-21　系统安装磁盘配置

（6）在安装系统界面，单击 NETWORK & HOST NAME 选项来设置主机名与网卡信息。打开右上角网卡开关，可以看到已经获取到了地址 192.168.40.130，左下角可以配置主机名，如图 1-22 所示。

图 1-22　配置网络和主机名

（7）返回安装界面，选择 Begin Installation 开始安装，如图 1 - 23 所示。

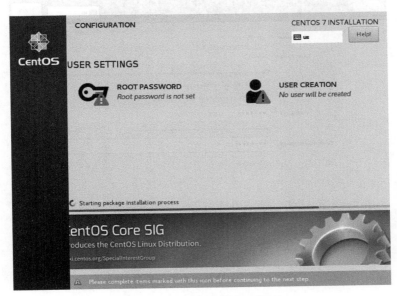

图 1 - 23　正在安装 CentOS 7

（8）在安装的过程中，我们可以选择 ROOT PASSWORD 来设置 root 密码，选择 USER CREATION 创建普通用户并设置密码，如图 1 - 24 和图 1 - 25 所示。

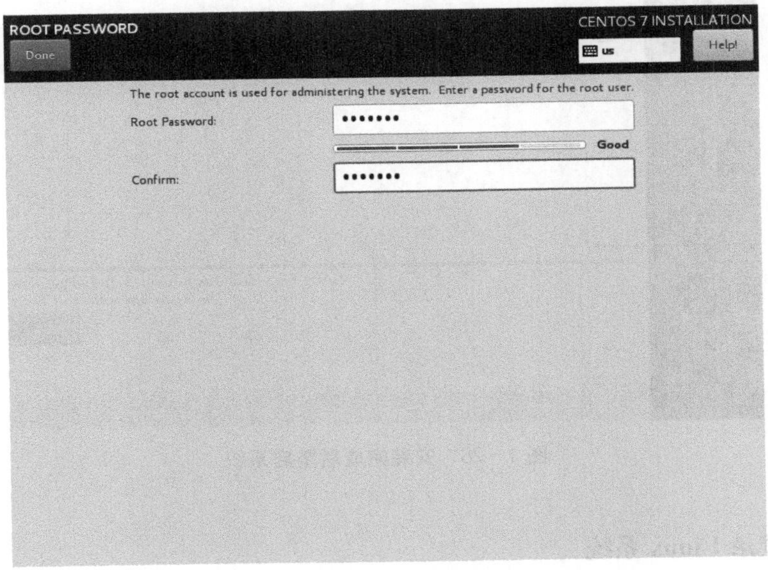

图 1 - 24　设置 root 密码

（9）等到进度条走完，选择右下角的 Reboot 重启即可，如图 1 - 26 所示。

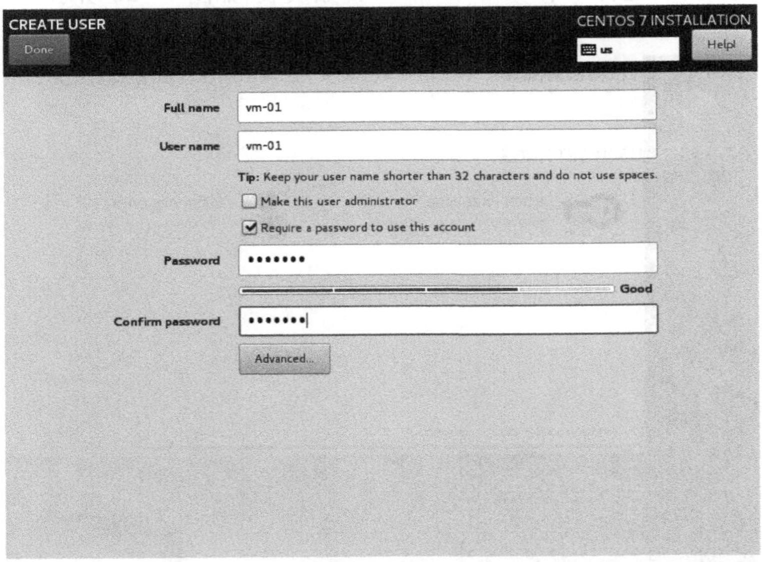

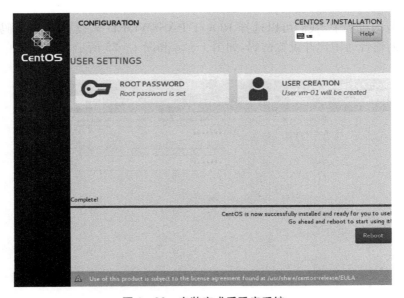

图 1 - 25　创建普通用户及设置密码

图 1 - 26　安装完成后重启系统

1.2.4　远程登录 Linux 系统

实训步骤如下。

（1）在 Windows 系统中下载 Xshell 并安装，完成后打开 Xshell，新建一个会话，如图 1 - 27 所示。名称框中填入会话名称，可以随意填写，见名知意即可。主机框中填入在安装过程中获取的 IP 地址，即 192.168.40.130。这个地址不同的人，获取到的可能不同，一定要注意自己获取的地址是多少。也可以在 VMware Workstation 中直接进入系统,打开终端,使用 ifconfig 等命令查看。协议选择 SSH,端口号为 22,其他信息不变即可。然后单击确定,新建完成。

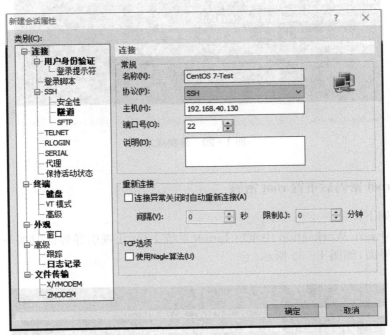

图 1 - 27　新建 Xshell 会话

　　(2) 在 Xshell 的文件菜单中单击打开后弹出会话对话框,如图 1 - 28 所示。选中刚才新建的会话,单击右下角的连接。输入用户名和密码,进入系统,如图 1 - 29 所示。至此,远程登陆结束。在后期的操作中,都是通过 Xshell 远程登陆完成。

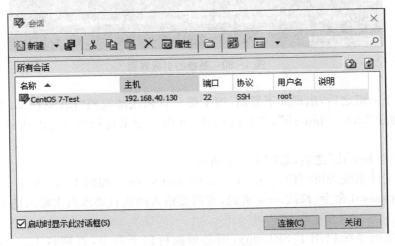

图 1 - 28　会话对话框

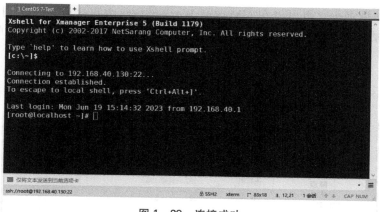

图 1-29　连接成功

1.2.5　忘记 root 密码后重置 root 密码

实训步骤如下。

（1）在 VMware Worksation 中重启 Linux 系统主机，出现引导界面时按下键盘上的 e 键进入内核编辑界面，如图 1-30 所示。

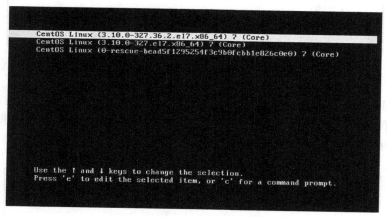

图 1-30　系统的引导界面

（2）在按下 e 键之后，出现如下界面，按↓键一直到底部找到"LANG＝zh_CN. UTF-8"为止，在其后加上"init＝/bin/sh"，然后按 Ctrl＋x 组合键来运行修改过的内核程序，如图 1-31 所示。

加入"init＝/bin/sh"之后，如图 1-32 所示。

（3）挂载文件系统为可写模式：mount -o remount，rw/，如图 1-33 所示。

（4）执行 passwd 命令，修改 root 密码，密码要输入两次且要求两次输入的密码一致，如图 1-34 所示。

（5）如果之前系统启用了 SELinux，则必须执行以下命令，否则将无法正常启动系统：touch /. autorelabel。然后执行命令 exec /sbin/init 来正常启动，或者用命令 exec /sbin/reboot 重启，如图 1-35 所示。

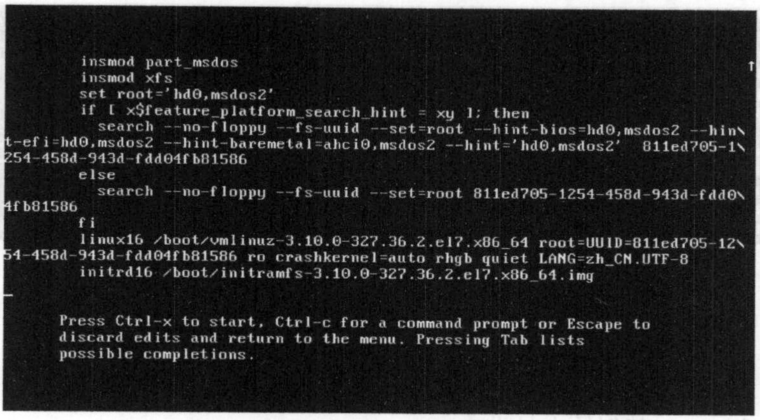

图 1-31　编辑前的界面

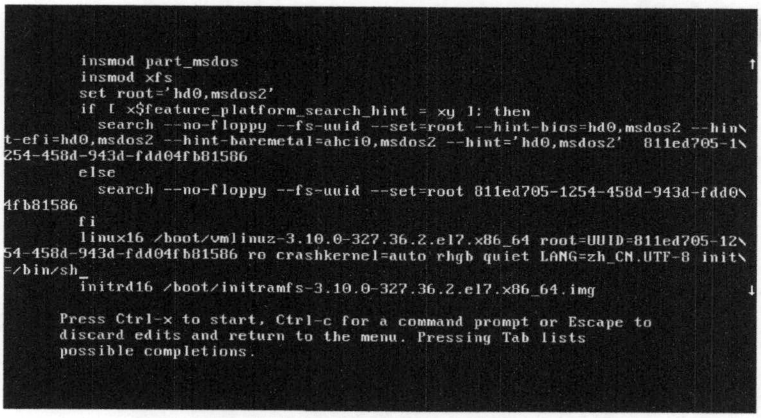

图 1-32　编辑后的界面

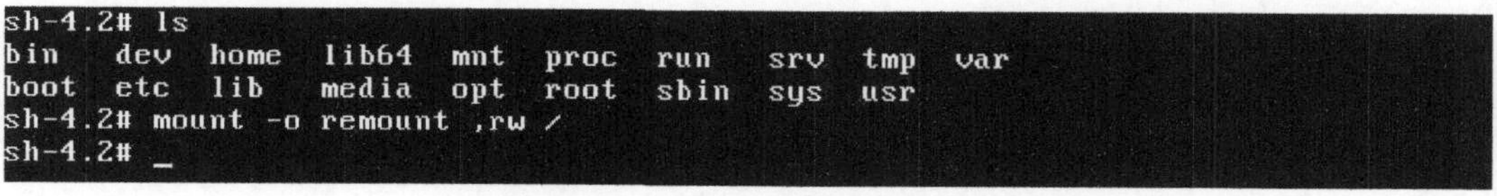

图 1-33　挂载文件系统

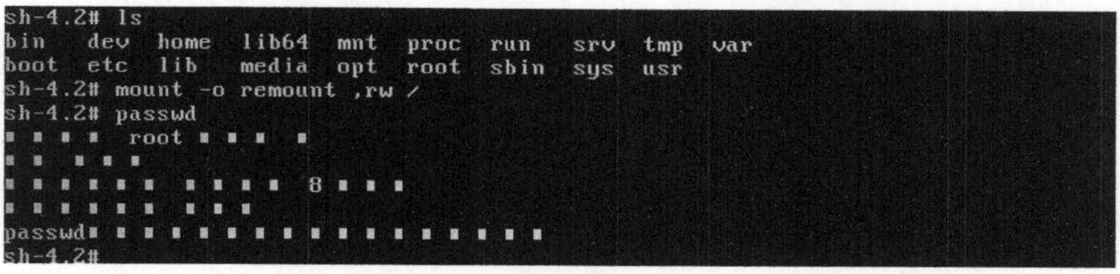

图 1-34　重置 root 密码

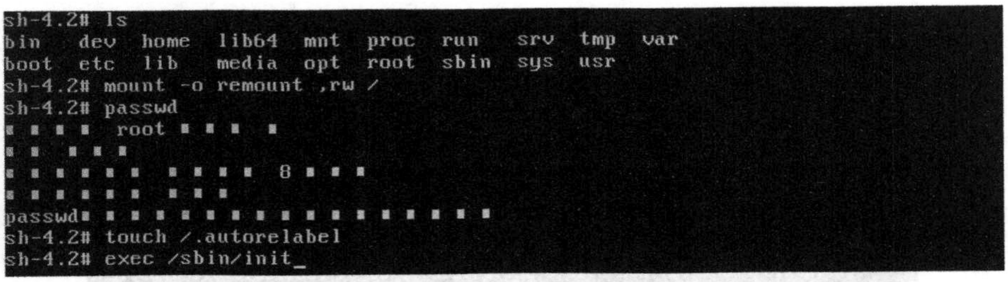

```
sh-4.2# ls
bin   dev   home   lib64   mnt   proc   run   srv   tmp   var
boot  etc   lib    media   opt   root   sbin  sys   usr
sh-4.2# mount -o remount ,rw /
sh-4.2# passwd
        root
                        8
passwd
sh-4.2# touch /.autorelabel
sh-4.2# exec /sbin/init_
```

图 1 - 35　重启系统

📖 习题

1. 什么是 Linux？其创始人是谁？

2. Linux 操作系统有哪些著名发行商和发行版本？上网了解现在市面上流行的 Linux 发行版本。

3. Linux 操作系统的组成。

第 2 章　常用命令的基本操作

　　管理 Linux 系统中的文件和目录,是学习 Linux 系统至关重要的一步。为了方便管理文件和目录,Linux 系统将它们组织成一个以根目录(/)开始的倒置的树状结构。管理文件和目录,需借助大量的 Linux 命令,本章将详细介绍 Linux 命令的用法。Vim 是一个基于文本界面的文本编辑工具,使用简单且功能强大,是大部分 Linux 发行版本默认的文本编辑器。

2.1　知识必备

2.1.1　Linux 系统中的 Shell

　　Linux 系统中的 Shell 作为操作系统的外壳,是系统的用户界面,提供了用户与内核进行交互操作的接口。Shell 也是命令解释器,它允许用户通过命令与操作系统进行交互。Linux 中有多种 Shell,大多数 Linux 发行版本都默认使用 bash。

1. Shell 的命令行提示符

　　CentOS 7 中的标准命令行提示符包括 4 部分信息:登录用户名、登录的主机名、用户当前所在的目录和提示符号,具体如下。

```
[root@localhost~ ]#
```

　　其中 root 为登录用户名,@为固定的符号,localhost 为登录的主机名,～为当前用户所在的目录(用户家目录),♯表示 root 管理员。注意符号"～"不是一个固定的目录名称,而是一个 Shell 变量,代表使用者的家目录。

2. Shell 命令的一般格式

　　Shell 命令的一般格式如下:命令名 [选项] [参数]。其中命令名、选项、参数之间使用空格隔开,多余的空格将被忽略,而用方括号括起来的部分表示该项是可省略的。下面介绍命令各组成部分的含义和作用。

　　命令名:由小写的英文字母构成,往往是表示相应功能的英文单词或单词的缩写。

　　选项:包括一个或多个字母的序列,一般来说,前面有一个"-"符号或者"--"(两个"-")符号,多个选项可用一个"-"连起来,如"-1a"等同于"- 1 - a"。注意,"-"一般不能省略。

　　参数:一个字符串,一般用来给命令传递一些运行所需的信息,如文件名。

　　Linux 的命令、选项、参数均区分大小写。

3. Shell 常用快捷键

Tab 键:自动补全命令,双击 Tab 键可列出所有可能匹配的选择。

反斜杠("\"):强制换行。

Ctrl+C:终止当前进程。

Ctrl+D:输入结束,并且退出 Shell。

Ctrl+L:清屏,相当于 clear 命令。

2.1.2 基本操作命令

1. whoami 命令

功能:显示用户名。

格式:whoami [选项]

```
[root@localhost~ ]#whoami
root
[user@localhost~ ]$whoami
user
```

命令行中的 $ 表示当前登录用户为普通用户;# 表示当前登录用户是管理员 root,root
是 Linux 中权限最高的用户。

2. echo 命令

功能:将字符串回显到标准输出。

格式:echo [选项]…[字符串]。

(1) 显示普通字符串。

```
[root@localhost~ ]#echo HelloLinux
HelloLinux
```

(2) 查看 SHELL 变量的值(用 $ 符号)。

```
[root@localhost~ ]#echo $SHELL
/bin/bash
```

3. who 命令

功能:显示已经登录的用户。

格式:who [选项]。

```
[root@localhost~ ]#who -H
NAME         LINE        TIME        COMMENT
root         pts/0       2022－11－09 09:44(192.168.200.1)
```

who 命令的选项-H 表示显示各栏位的标题信息列。

4. man 命令

功能:显示帮助手册。

格式:man［选项］命令名称。

```
[root@localhost~ ]#man -f who
who(1)                           -show who is logged on
```

man命令的选项-f表示只显示命令的功能而不显示其详细的说明文件。使用 man 命令查询帮助手册时会进入 man page 界面,而非直接打印在控制台上。

5. date 命令

功能:显示或者设置系统的日期和时间。

格式:date［选项］［格式控制字符串］。

```
[root@localhost~ ]#date
Wed Nov  9 09:54:49 CST 2022
```

(1) date:查看系统时间。

(2) date "+%Y-%m-%d %H:%M:%S":按照年、月、日格式打印时间。

(3) date "+%Z":查看系统时区。

(4) date "+%A":查看星期几。

(5) date "+%p":查看上下午。

6. clear 命令

功能:清除屏幕,等同于组合键 Ctrl+l(小写字母 l)。

格式:clear。

7. history 命令

功能:显示用户最近执行的命令。

格式:history［选项］［参数］。

选项:-c 表示清空所有的命令历史记录;!数字:重复执行数字序号这条命令。

8. exit 命令

功能:退出(当前系统或状态)。

格式:exit。

9. shutdown 命令

功能:以一种安全的方式关闭系统,只有 root 用户有权限执行。

格式:shutdown［选项］时间［警告消息］

选项:-r 表示关机后重新开机;-h 表示关机后停机;-c 表示取消目前已经进行的关机动作。时间用于设置多久后执行 shutdown 命令,时间参数有 hh:mm 和+m 两种格式。其中 hh:mm 格式表示在几点几分执行 shutdown 命令,+m 格式表示 m 分钟后执行 shutdown 命令。now 表示立即执行 shutdown 命令。

10. reboot 命令

功能:重启系统,默认使用 root 管理员来重启。

格式:reboot。

11. poweroff 命令

功能:关闭系统,默认使用 root 管理员来关闭系统。

格式:poweroff。

2.1.3 文件目录操作命令

1. 路径的概念

Linux 文件系统呈树形结构,/目录(称为根目录)作为入口,根目录/下有子目录(如 etc、usr、lib 等),在每个子目录下有下一级文件或目录,这样就形成了一个树形结构。用户要想找到所需要的文件或目录,就需要了解路径的概念,路径分为绝对路径和相对路径。

(1) 绝对路径。在 Linux 中,绝对路径从根目录(/)开始,如/usr、/etc/passwd。如果一个路径是从/开始的,则它一定是绝对路径。

(2) 相对路径。相对路径是以".. "或".."开始的,". /"表示用户当前操作所处的位置,"../"表示上一级目录,"../../"表示上上级目录,以此类推。

2. Linux 系统中常见的目录名称

Linux 系统中的一切文件都是从根目录(/)开始的,并按照文件系统层次化标准(filesystem hierarchy standard,FHS)采用树形结构存放。

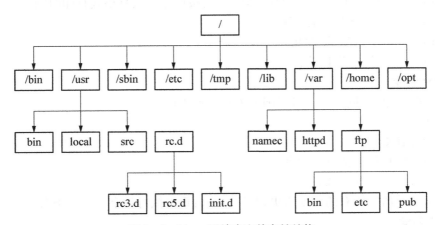

图 2-1 Linux 系统中文件存储结构

/bin:存放二进制可执行命令。

/dev:存放所有设备的设备文件。

/etc:存放系统管理和配置文件。

/home:用户主目录。

/sbin:存放的是系统管理员使用的管理程序。

/tmp:公共的临时文件存储点。

/boot:存放开机所需的文件(内核)、开机菜单及所需配置文件等。

/root:系统管理员的主目录。

/mnt:用于让用户临时挂载其他的文件系统。

/var:某些大文件的溢出区,如各种服务的日志文件。

3. 文件目录命令

1) pwd 命令

功能:查看当前所在的路径。

格式:pwd [选项]。

2) cd 命令

功能:切换工作目录到指定目录。

格式:cd [目录位置]。

特殊目录切换命令如下。

cd /:转到根目录中。

cd . :转到当前目录。

cd . . :转到上一级目录。

cd ～ :转到用户主目录。

cd - :转到上个工作目录。

cd /user:转到根目录下的 user 目录中(绝对路径)。

cd test:转到当前目录下的 test 子目录中(相对路径)。

3) ls 命令

功能:查看当前路径下的文件。

格式:ls [选项] [目录或文件名]。

选项:-l 表示列举目录的细节,包括权限、所有者、大小、创建日期等;-a 表示列举目录中的全部文件,包括隐藏文件;-h 表示以可读的方式显示文件的大小,如用 K、M、G 作单位。

```
[root@localhost/]#ls
bin     dev    home    lib64    mnt    proc    run    srv    tmp    var
boot    etc    lib     media    opt    root    sbin   sys    usr    www
[root@localhost/]#ls -al
total 24
dr-xr-xr-x.    18 root root     235 Oct 30 18:48 .
dr-xr-xr-x.    18 root root     235 Oct 30 18:48 ..
lrwxrwxrwx.     1 root root       7 Oct 21 08:40 bin-> usr/bin
dr-xr-xr-x.     5 root root    4 096 Oct 27 08:51 boot
drwxr-xr-x.    20 root root    3 240 Nov  9 09:44 dev
[root@localhost/]#ls -lh
total 24K
lrwxrwxrwx.  1 root root   7     Oct 21 08:40 bin-> usr/bin
dr-xr-xr-x.  5 root root   4.0K  Oct 27 08:51 boot
drwxr-xr-x. 20 root root   3.2K  Nov  9 09:44 dev
drwxr-xr-x. 92 root root   8.0K  Nov  9 09:48 etc
drwxr-xr-x.  4 root root   31    Nov  9 09:48 home
lrwxrwxrwx.  1 root root   7     Oct 21 08:40 lib-> usr/lib
lrwxrwxrwx.  1 root root   9     Oct 21 08:40 lib64-> usr/lib64
```

4) mkdir 命令

功能:创建新的目录。

格式:mkdir [-p] [/路径名/] 目录名。

```
[root@localhost/]#cd /tmp
[root@localhost tmp]#mkdir test
[root@localhost tmp]#mkdir test2 test3
[root@localhost tmp]#mkdir -p test4/t-1
```

mkdir 命令用于创建一个或多个目录,选项-p 表示 mkdir 命令会自动检查目录名前边的路径中每一层是否存在,如果不存在,将自动创建。

5) rmdir 命令

功能:删除空的目录。

格式:rmdir [-p] 目录名。

```
[root@localhost tmp]#rmdir test
[root@localhost tmp]#rmdir test2 test3
[root@localhost tmp]#rmdir -p test4/t-1
```

选项-p 表示当子目录被删除后父目录也成为空目录的话,则一并删除。

6) touch 命令

功能:新建空文件,或更新文件时间标记。

格式:touch [选项] 文件名。

```
[root@localhost tmp]#touch t-1.txt
```

touch 命令可以创建一个或多个文件,也可以批量创建文件。

7) cp 命令

功能:将源文件复制到目标文件,或将多个源文件复制至目标目录。

格式:cp [选项] 源文件或目录 目标文件或目录。

```
[root@localhost tmp]#cp -r /etc/passwd ./
[root@localhost tmp]#cp -r/etc ./
```

cp 命令中的选项-r 表示递归复制整个目录树,如果有多个源文件或者目录,那目标目录必须是存在的目录。

8) mv 命令

功能:移动文件或目录,如果目标位置和源位置相同,则相当于重命名。

格式:mv [选项] 源文件或目录 目标文件或目录。

注意,如果有多个源文件或者目录,那目标目录必须是存在的目录。若目录不存在,则相当于进行重命名操作;目录存在,则进行移动操作。

```
[root@localhost tmp]#mv -r /sql ./
```

9) rm 命令

功能:删除文件或目录。

格式:rm [选项] 文件或目录。

```
[root@localhost tmp]#ls -l
total 0
-rw-r--r--.  1 root root 0 Nov 9 10:17 t-1
drwxr-xr-x.2 root root 6 Nov 9 10:17 test1
[root@localhost tmp]#rm t-1
rm: remove regular empty file 't-1'? y
[root@localhost tmp]#rm -f test1/
rm: cannot remove 'test1/': Is a directory
[root@localhost tmp]#rm -rf test1/
```

rm 命令中的选项-f 表示强行删除文件或目录,不进行提醒;选项-r 表示删除目录及其下所有文件和子目录。

2.1.4 文件内容操作命令

1. cat 命令
功能:显示文件(内容较少的文本文件)的全部内容。
格式:cat 文件名。

2. more 命令
功能:全屏方式分页显示文件(内容较多的文本文件)内容。
格式:more [选项] 文件名。

3. head 命令
功能:查看文件开头的一部分内容(文本文档前 N 行,默认 10 行)。
格式:head 文件名。

4. tail 命令
功能:查看文件结尾的一部分内容(文本文档后 N 行,默认 10 行)。
格式:tail 文件名。

5. find 命令
功能:在指定目录下查找文件或目录。
格式:find [路径] [选项] [查找条件]。

6. grep 命令
功能:在指定文件中搜索特定的内容,并将含有这些内容的行进行标准输出。
格式:grep [选项]。

7. sort 命令
功能:将文件中的数据按照指定字段排序。
格式:sort [选项] 文件名。

8. wc 命令
功能:统计文件的行数、字符数和字数。
格式:wc [选项]。

9. cut 命令

功能：选取指定列，它能将一行行的数据按照指定的分隔符切成一列列，然后只显示特定列的数据。

格式：cut［选项］文件名。

选项：-c 表示仅显示行中指定范围的字符；-d 表示指定字段的分隔符，默认的字段分隔符为制表符；-f 表示显示指定字段的内容。

2.1.5　文件压缩和归档命令

1. 打包的概念

打包是指将多个文件（或目录）合并成一个文件，以方便在不同节点之间传递或在服务器集群上部署。最常用的打包命令是 tar，使用 tar 命令打出来的包常称为 tar 包，tar 包文件通常都以 .tar 结尾。生成 tar 包后，可以用其他的命令来进行压缩。压缩或打包文件常见的扩展名有 *.tar、*.tar.gz、*.gz、*.bz2、*.Z 等。

Linux 系统一般文件的扩展名用途不大，但是压缩或打包文件的扩展名是必须的，因为 Linux 支持的压缩命令较多，不同的压缩技术使用的压缩算法区别较大，根据扩展名能够使用对应的解压算法，主要使用的是 .tar、.tar.gz 或 .tar.bz2 格式。

2. tar 命令

功能：将文件夹打包，也能将包解开成文件夹。

格式：tar［选项］文件名。

2.1.6　输入输出重定向

1. 重定向

Linux Shell 重定向分为两种，一种是输入重定向，另一种是输出重定向。在 Linux 中，标准输入设备指的是键盘，标准输出设备指的是显示器。Linux 中一切皆文件，即包括标准输入设备（键盘）和标准输出设备（显示器）在内的所有计算机硬件都是文件。为了表示和区分已经打开的文件，Linux 会给每个文件分配一个 ID，这个 ID 是一个整数，称为文件描述符。

2. 输入输出重定向

输入重定向是指改变输入的方向，即不再使用键盘作为命令或数据输入的来源，而是使用文件作为命令的输入。输出重定向是指命令的结果不再输出到显示器上，而是输出到其他地方，一般是文件中。若重定向输出的文件不存在，则新建该文件。

表 2-1　输入输出重定向格式及其含义

格式	含义
命令＞文件	将标准输出重定向到一个文件中（**覆盖**原有文件的内容）
命令＞＞文件	将标准输出重定向到一个文件中（**追加**到原有内容的后面）
命令＜文件	将文件作为命令的标准输入
命令＜＜分界符	从标准输入中读入，直到遇到分界符（用户自定义的任意字符）停止

3. 管道

管道是一种通信机制，通常用于进程间的通信（也可通过 socket 进行网络通信），它将前

面每一个进程的输出(stdout)直接作为下一个进程的输入(stdin)。利用 Linux 所提供的管道符"|"可以连接若干命令,管道符左边命令的输出会作为管道符右边命令的输入。

功能:将命令 A 的输出作为命令 B 的输入。

格式:命令 A|命令 B。

2.1.7　Vi/Vim 编辑器的基本使用方法

Vim 是 Vi 的升级版本,是 Linux 系统中的一款文本编辑器,也是操作 Linux 时一款非常重要的工具。

1. Vim 的三种工作模式

1)命令模式

命令模式是 Vi/Vim 编辑器的默认模式,从命令模式可以切换到输入模式和编辑模式,进入另外两种模式后,可以使用 ESC 键退回到命令模式。使用 Vim 编辑文件时,默认处于命令模式。例如,输入 vim test. txt 后进入命令模式,可以对文件内容进行复制、粘贴、替换、删除等操作。

2)输入模式

在输入模式下,Vim 可以对文件执行写操作,使 Vim 进行输入模式的方法是在命令模式下输入 i、I、a、A、o、O 等插入命令,当文件编辑完成后按 Esc 键即可返回到命令模式,输入模式也称为编辑模式。

3)末行模式

末行模式用于对文件中的指定内容执行保存、查找或替换等操作。使 Vim 切换到末行模式的方法是在命令模式下按:键,此时 Vim 窗口的左下方会出现一个符号":",然后就可以输入相关命令进行操作了。命令执行后 Vim 会自动返回到命令模式。若想直接返回到命令模式,则按 Esc 即可。

注意:可以按一次 Esc 键返回到命令模式;如果多按几次 Esc 键后听到"嘀——"的声音,则已经处于命令模式了。

2. Vim 基本操作

1)新建、打开文件

功能:打开已有的文件或新建一个文件,并将光标置于第一行的首部。

格式:vim 文件名。

若文件不存在,则新建一个空文件;若文件存在,则打开文件。进入 Vim 文本编辑器时处于命令模式,此时文件的下方会显示文件的一些信息,包括文件的总行数和字符数,以及当前光标所在的位置等,在命令模式下对新建或打开的文件进行编辑操作。

2)常用的快捷键

表 2-2　快捷键功能

快捷键	功能描述
gg	移动光标到文件头部
nG	移动光标到文件第 n 行
G	移动光标到文件尾部

（续表）

快捷键	功能描述
p	将剪贴板中的内容复制到光标后
yy	复制光标所在的一整行
nyy	复制从光标所在行开始的 n 行
u	取消最近一次操作
dd	删除光标所在行
ndd	删除当前行（包括此行）后的 n 行文本
dG	删除光标所在行一直到文件末尾的所有内容
/abc	从光标所在位置向前查找字符串 abc

3）在末行模式下保存、退出

末行模式的常用命令见表 2-3。

表 2-3　末行模式的常用命令

命令	功能描述
:wq	保存并退出 Vim 编辑器
:wq!	保存并强制退出 Vim 编辑器
:q	退出 Vim 编辑器
:q!	不保存，且强制退出 Vim 编辑器
:w	保存

2.2　实训练习

2.2.1　目录命令应用实例

（1）工作路径切换到目录/tmp，在/tmp 下新建目录 test，在 test 中建立 2 个子目录：test01、test02。

```
[root@localhost/]#cd /tmp
[root@localhost tmp]#mkdir test
[root@localhost tmp]#cd test
[root@localhost test]#mkdir test01 test02
[root@localhost test]#ls -l
total 0
drwxr-xr-x. 2 root root 6 Nov 9 10:31 test01
drwxr-xr-x. 2 root root 6 Nov 9 10:31 test02
```

（2）使用绝对路径在目录 test02 下建立子目录 test02-1，显示当前目录下的内容。

```
[root@localhost test]#mkdir /tmp/test/test02/test02-1
[root@localhost test]#ls -l
total 0
drwxr-xr-x. 2 root root  6 Nov 9 10:31 test01
drwxr-xr-x. 3 root root 22 Nov 9 10:35 test02
```

（3）删除空目录 test02-2。

```
[root@localhost test]#rmdir test02/test02-1
```

2.2.2　文件命令应用实例

（1）在目录/tmp/test 中创建文件 a1、a2。

```
[root@localhost test]#pwd
/tmp/test
[root@localhost test]#touch a1 a2
[root@localhost test]#ls -l
total 0
-rw-r--r--.  1 root root 0 Nov 9 10:39 a1
-rw-r--r--.  1 root root 0 Nov 9 10:39 a2
drwxr-xr-x.2 root root 6 Nov 9 10:31 test01
drwxr-xr-x.2 root root 6 Nov 9 10:36 test02
```

（2）将/tmp/test 目录中的文件 a1 复制到 test02 目录下。

```
[root@localhost test]#cp a1 test02
[root@localhost test]#ls -l test02
total 0
-rw-r--r--. 1 root root 0 Nov 9 10:40 a1
```

（3）将/tmp/test 目录中的文件 a2 移动到 test02 目录下。

```
[root@localhost test]#mv a2 test02
[root@localhost test]#ls -l test02
total 0
-rw-r--r--. 1 root root 0 Nov 9 10:40 a1
-rw-r--r--. 1 root root 0 Nov 9 10:39 a2
```

（4）将 test02 中的文件 a1 更名为 a3。

```
[root@localhost test]#mv test02/a1 test02/a3
[root@localhost test]#ls -l test02
total 0
-rw-r--r--. 1 root root 0 Nov 9 10:39 a2
-rw-r--r--. 1 root root 0 Nov 9 10:40 a3
```

(5) 删除文件 a2。

```
[root@localhost test]#rm test02/a2
rm:remove regular empty file 'test02/a2'? y
```

2.2.3 查看文件内容命令应用实例

(1) 切换到根目录,查看根目录内容。

```
[root@localhost test]#cd /
[root@localhost/]#pwd
/
[root@localhost/]#ls -l
total 20
lrwxrwxrwx.  1 root root      7 Oct 21 08:40 bin-> usr/bin
dr-xr-xr-x.   5 root root  4096 Oct 27 08:51 boot
drwxr-xr-x.  20 root root  3240 Nov  9 09:44 dev
drwxr-xr-x.  92 root root  8192 Nov  9 09:48 etc
drwxr-xr-x.   4 root root    31 Nov  9 09:48 home
```

(2) 使用 cat 命令显示文件/etc/passwd 的内容。

```
[root@localhost/]#cat /etc/passwd
root:x:0:0:root:/root:/bin/bash
bin:x:1:1:bin:/bin:/sbin/nologin
daemon:x:2:2:daemon:/sbin:/sbin/nologin
adm:x:3:4:adm:/var/adm:/sbin/nologin
lp:x:4:7:lp:/var/spool/lpd:/sbin/nologin
sync:x:5:0:sync:/sbin:/bin/sync
shutdown:x:6:0:shutdown:/sbin:/sbin/shutdown
halt:x:7:0:halt:/sbin:/sbin/halt
mail:x:8:12:mail:/var/spool/mail:/sbin/nologin
operator:x:11:0:operator:/root:/sbin/nologin
```

(3) 使用 head 命令显示文件/etc/passwd 前 5 行的内容。

```
[root@localhost/]#head -5 /etc/passwd
root:x:0:0:root::/root:/bin/bash
bin:x:1:1:bin:/bin:/sbin/nologin
daemon:x:2:2:daemon:/sbin:/sbin/nologin
adm:x:3:4:adm:/var/adm:/sbin/nologin
lp:x:4:7:lp:/var/spool/lpd:/sbin/nologin
```

head 命令中的选项-n ＜数字＞用于指定显示头部内容的行数。
（4）使用 tail 命令显示文件/etc/passwd 后 5 行的内容。

```
[root@localhost/]#tail - 5 /etc/passwd
rpcuser:x:29:29:RPC Service User:/var/lib/nfs:/sbin/nologin
nfsnobody: x: 65534: 65534: Anonymous NFS User:/var/lib/nfs:/sbin/
nologin
dhcpd:x:177:177:DHCP server:/:/sbin/nologin
named:x:25:25:Named:/var/named:/sbin/nologin
user:x:1001:1001::/home/user:/bin/bash
```

tail 命令中的选项-n ＜数字＞用于指定显示文件尾部的 n 行内容。
（5）在/etc/passwd 文件中查询包含"user"字符串的行。

```
[root@localhost/]#cat /etc/passwd | grep "user"
rpcuser:x:29:29:RPC Service User:/var/lib/nfs:/sbin/nologin
user:x:1001:1001::/home/user:/bin/bash
```

grep 命令功能非常强大，对于初学者，掌握基本的用法即可。
（6）查找 /etc 目录下所有.txt 文件。

```
#find /etc/ -name "*.txt"
/etc/pki/nssdb/pkcs11.txt
```

对于 find 命令，选项-name 支持通配符 * 和?;-atime n 用于搜索在过去 n 天读取过的文件;-ctime n 用于搜索在过去 n 天修改过的文件;-size n 用于搜索文件大小是 n 个 block 的文件。
（7）将/etc 目录下的 passwd 文件拷贝到/root 目录下。

```
[root@localhost/]#cp -a/etc/passwd/root
[root@localhost/]#ls /root
1  2  anaconda-ks.cfg  iso  passwd
```

（8）将/etc/passwd 文件排序后输出其结果。

```
[root@localhost/]#sort /etc/passwd
adm:x:3:4:adm:/var/adm:/sbin/nologin
apache:x:48:48:Apache:/usr/share/httpd:/sbin/nologin
bin:x:1:1:bin:/bin:/sbin/nologin
daemon:x:2:2:daemon:/sbin:/sbin/nologin
dbus:x:81:81:System message bus:/:/sbin/nologin
dhcpd:x:177:177:DHCP server:/:/sbin/nologin
ftp:x:14:50:FTP User:/var/ftp:/sbin/nologin
games:x:12:100:games:/usr/games:/sbin/nologin
halt:x:7:0:halt:/sbin:/sbin/halt
```

使用 sort 命令排序时,选项-r 表示以相反的顺序来排序。
(9) 统计/etc/passwd 文件的字节数、行数、字数。

```
[root@localhost/]#wc /etc/passwd
28  52  1372  /etc/passwd
```

上面的输出结果中 28 是行数,52 是单词数,1 372 是字节数。
wc 命令的选项:-l 表示列出行数;-w 表示列出字数;-c 表示列出字符数。

2.2.4　打包压缩命令的应用

(1) 在目录/tmp 下创建目录 test,在目录 test 中建立若干个文件。

```
[root@localhost tmp]#mkdir test
[root@localhost tmp]#cd test
[root@localhost test]#touch file{1..10}
[root@localhost test]#ls
file1  file10  file2  file3  file4  file5  file6  file7  file8
file9
```

在 touch 命令中应用{..}表示批量建立文件。
(2) 将所有以 file 开头的文件打包压缩成.gz 格式,并显示压缩详情。

```
[root@localhost test]#tar -czvf myfile.tar.gz file*
file1
file10
file2
file3
file4
file5
file6
```

```
file7
file8
file9
[root@localhost test]#ls
file1  file2  file4  file6  file8  myfile.tar.gz
file10 file3  file5  file7  file9
```

tar 命令的选项:-c 表示建立打包文件;-x 表示解包或解压缩,可以搭配-C 使用;-j 表示通过 bzip2 的支持进行压缩/解压缩,此时文件为 *. tar. bz2;-z 表示通过 gzip 的支持进行压缩/解压缩,此时文件为 *. tar. gz;-v 表示在压缩/解压缩的过程中,将正在处理的文件名显示出来;-f 表示后面跟处理后文件的完整名称(路径+文件名+后缀名);-C 表示用于在特定目录解压缩;注意:-c、-t、-x 不能同时出现在一串指令列中。

(3) 将所有以 file 开头的文件打包压缩成. bz2 格式。

```
[root@localhost test]#touch text{1..10}
[root@localhost test]#tar -cjf mytext.tar.bz2 file*
[root@localhost test]#ls mytext.tar.bz2
mytext.tar.bz2
```

(4) 在/tmp 目录中建立目录 jywj,解压缩 myfile. tar. gz 到目录 jywj 中。

```
[root@localhost tmp]#tar -xzf test/myfile.tar.gz -C jywj
```

(5) 将 mytext. tar. bz2 解压缩到指定目录/home 中。

```
[root@localhost tmp]#tar -xzf test/mytext.tar.bz2 -C/home
```

2.2.5　输入输出重定向和管道命令的应用

(1) 建立目录/tmp/test,在此目录中利用 echo 命令和输出重定向建立文件 file1,并输入内容。

```
[root@localhost tmp]#cd /
[root@localhost/]#cd tmp
[root@localhost tmp]#cd /tmp
[root@localhost tmp]#mkdir test
[root@localhost tmp]#cd test
[root@localhost test]#echo "Hello Linux"> file1
[root@localhost test]#cat file1
Hello Linux
```

(2) 在文件 file1 中追加文本内容。

```
[root@localhost test]#echo "Hello Vim"> > file1
[root@localhost test]#cat file1
Hello Linux
Hello Vim
```

（3）利用重定向在目录/test 中建立文件 file2，并输入内容。

```
[root@localhost test]#cat> file2< < end
> How are you?
> end
[root@localhost test]#cat file2
How are you?
```

（4）追加文本 file1 的内容到文件 file2 中。

```
[root@localhost test]#cat file1> > file2
[root@localhost test]#cat file2
How are you?
Hello Linux
Hello Vim
```

（5）利用管道符查看/etc/passwd 文件中前 10 行的内容。

```
[root@localhost test]#cat /etc/passwd | head - 10
root:x:0:0:root:/root:/bin/bash
bin:x:1:1:bin:/bin:/sbin/nologin
daemon:x:2:2:daemon:/sbin:/sbin/nologin
adm:x:3:4:adm:/var/adm:/sbin/nologin
lp:x:4:7:lp:/var/spool/lpd:/sbin/nologin
sync:x:5:0:sync:/sbin:/bin/sync
shutdown:x:6:0:shutdown:/sbin:/sbin/shutdown
halt:x:7:0:halt:/sbin:/sbin/halt
mail:x:8:12:mail:/var/spool/mail:/sbin/nologin
operator:x:11:0:operator:/root:/sbin/nologin
```

2.2.6　vim 的应用

（1）使用 vim 命令新建一个文档 file. txt。

```
[root@localhost test]# vim file.txt
```

打开 Vim 文本编辑器（见图 2-2），在命令模式下输入 i、I、a、A、o、O 等插入命令，切换到输入模式，输入内容。

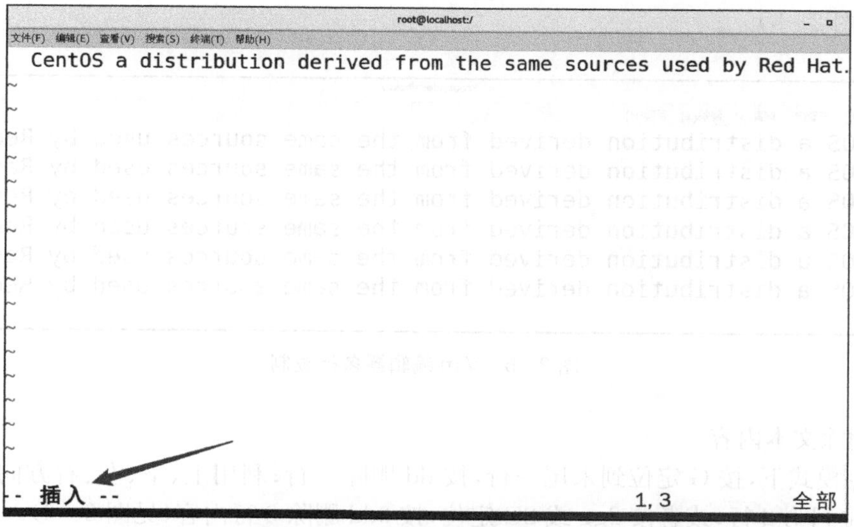

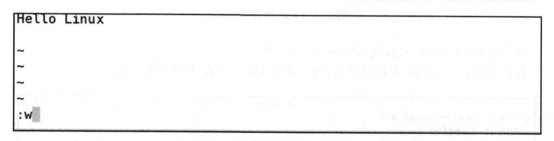

图2-2 Vim编辑器界面

（2）保存文件，但不退出。

输入内容后按 Esc 键返回到命令模式下，再按:键进入末行模式，输入:w 保存文件（见图2-3）。

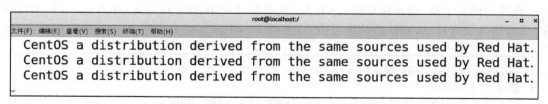

图2-3 Vim编辑器保存界面

（3）复制内容到文档的最后。

在命令模式下，按 gg 定位到第1行，按 yy 进行复制，用 G 键定位到文档末尾，用 p 键粘贴2次（见图2-4）。

图2-4 Vim编辑器单行复制

（4）移到首行，复制内容到文档的最后。

在命令模式下，按 gg 定位到第1行，按 3yy 进行复制，用 G 键定位到文档末尾，用 p 键进行粘贴(见图 2-5)。

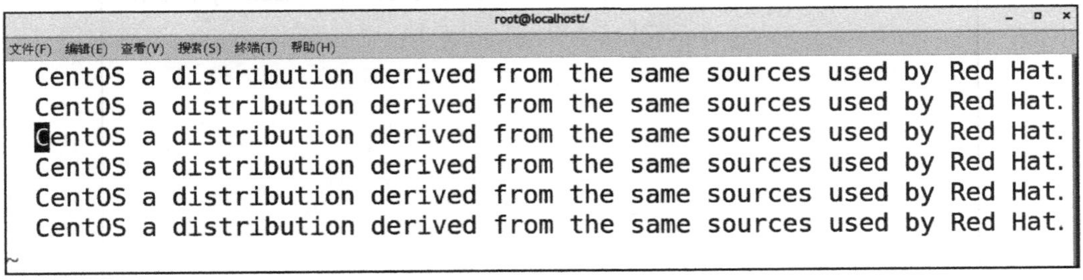

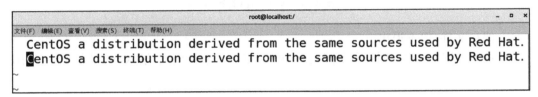

图 2-5 Vim 编辑器多行复制

(5) 删除文本内容。

在命令模式下,按 G 定位到末尾一行,按 dd 删除一行;利用上、下、左、右方向键或 H、J、K、L 键定位到第 2 行,或者按 2gg 或 2G 定位,按 3dd 删除 3 行内容(见图 2-6)。

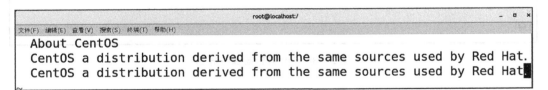

图 2-6 Vim 编辑器删除行

(6) 在第 1 行新增一行,输入"About CentOS"。

在命令模式下,按 gg 定位到首行,按 i 键进入输入模式,输入内容(见图 2-7)

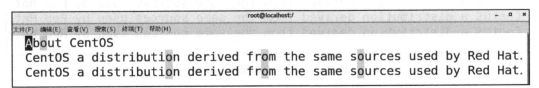

图 2-7 Vim 编辑器插入行

(7) 搜索字符"o"。

在命令模式下按:进入末行模式,输入:/o 回车,相匹配的字符亮显;输入:nohl 取消亮显,在/后面输入要查找的内容,然后进行搜索(见图 2-8)。

图 2-8 Vim 编辑器查找内容

(8) 保存并退出 Vim。

在末行模式下输入：wq，保存并退出 Vim。

```
: wq
```

图 2-9　Vim 编辑器保存退出

拓展实训

1. 切换到目录/dev/block。
2. 查看目录/dev/block 下所有的文件。
3. 进入/usr 目录，创建一个名为 test 的目录。
4. 用 cp 命令将/etc 目录及其下所有内容复制到 test 目录下。
5. 将 test 目录重命名为 test1。
6. 在/usr/test1 目录下新建 word. txt 文件并输入一些字符串后保存退出。
7. 查看 word. txt 文件的内容。
8. 将/usr/test1 文件夹在/usr 目录下打包成 test1. tar. gz。
9. 将 test1. tar. gz 解压缩到/tmp 目录。
10. 删除/usr/test1 目录和 test1. tar. gz 文件。

习题

一、选择题

1. Linux 的根目录，用（　　）代表。
   A. /　　　　　　　B. \　　　　　　　C. //　　　　　　　D. \\

2. Shell 输入的命令不完整时，可以通过按（　　）键来完成命令的自动补齐。
   A. Shift　　　　　B. Ctrl　　　　　C. Alt　　　　　D. Tab

3. 按（　　）键能中止当前运行的命令。
   A. Ctrl＋D　　　　B. Ctrl＋C　　　　C. Ctrl＋B　　　　D. Ctrl＋F

4. 新建一个目录 test 的命令，正确的是（　　）。
   A. touch test　　　B. mkdir test　　　C. rm tes　　　D. new test

5. 下面哪些命令可以分页显示大文本文件（　　）。
   A. more　　　　　B. cat　　　　　C. type　　　　　D. less

6. 命令 tail file 表示（　　）。
   A. 在文件 file 的最后设置一个标记以阻止它再被追加内容
   B. 显示文件 file 的前 10 行
   C. 显示文件 file 的最后 10 行
   D. 显示文件 file 的历史修改记录

7. 删除一个非空子目录/tmp 的命令是（　　）。
   A. del/tmp/ *　　　　　　　　　B. rm -rf/tmp
   C. rm -Ra/tmp/ *　　　　　　　D. rm -rf/tmp/ *

8. 在创建目录时,若其父目录不存在,添加的参数是(　　)。

    A. -m   B. -d   C. -f   D. -p

9. 使用 Vim 编辑文本为只读时,保存并退出的命令是(　　)。

    A. :w!   B. :q!   C. :wq   D. :e!

10. 在 Vim 编辑器命令模式中,在光标所在位置的前面插入字符的命令是(　　)。

    A. i   B. A   C. a   D. I

二、填空题

1. 分页显示大文本文件的命令可以_____。

2. 在 Vim 编辑器环境下,使用_____进行模式转换。

3. 管道就是将前一个命令的_____作为后一个命令的标准输入。

4. mv 命令可以移动文件和目录,还可以为文件和目录_____。

5. 用_____符号将输出重定向内容附加在原文的后面。

6. 在一行结束位置加上_____符号,表示命令未结束,下一行继续。

7. pwd 命令的功能是_____。

8. 查看/etc 下所有文件的命令是_____。

9. 查看文件/etc/passwd 前 3 行的命令是_____,查看后 3 行的命令是_____。

10. Vim 编辑器的三种模式:_____。

第 3 章　CentOS 7 用户管理与文件权限

用户和用户组管理,主要涉及添加用户和用户组、更改密码和设定权限等操作。在 Linux 系统中,每个用户都具有不同的权限。权限管理是指对不同的用户设置不同的文件访问权限,包括对文件的读、写、执行等。本章主要讲解用户和用户组的管理,以及设置文件的权限等操作。

3.1　知识必备

3.1.1　用户与用户组的基本概念

Linux 系统是一个多用户、多任务的操作系统,任何一个要使用系统资源的用户,都必须首先向系统管理员(root)申请一个账号,然后以这个账号进入系统。

一般来说,Linux 系统中的用户可以分为三类:①root 管理员,对整个系统中所有的文件都拥有全部操控权限;②系统用户,由系统自动创建,操作系统内部管理使用,不具有登录系统的能力;③普通用户,能登录系统,有自己的家目录,对自己家目录中的文件有全部操控权限,对系统有有限的权限。

在 Linux 系统中,用户身份号码即 UID(user identification)具有唯一性,可以通过 UID 区分用户的身份。用户组号码即 GID(group identification)可以把多个用户加入一个组,方便分配权限或指定任务。在 CentOS 7 中,系统管理员的 UID 为 0,系统用户的 UID 为 1~999,普通用户的 UID 从 1 000 开始。

在 Linux 系统中创建用户时,将自动创建一个与其同名的基本用户组,而且这个基本用户组只有该用户。如果该用户被纳入其他用户组,则其他用户组称为扩展用户组。一个用户只有一个基本用户组,但是可以有多个扩展用户组。Linux 中用户和用户组的对应关系可以是一对一、多对一、一对多或多对多。

3.1.2　Linux 中用户和用户组的配置文件

在 Linux 系统中,用户的账户信息存放在相关配置文件中。Linux 系统的核心是用户账号,用户对系统中各种对象的访问权限取决于他们登录系统时便用的账号,并且 Linux 系统使用特定的配置文件和工具来跟踪和管理系统中的用户账号。

(1) 用户账号文件/etc/passwd。Linux 系统中的每个用户都在/etc/passwd 文件中有一个对应的记录行,它记录了这个用户的基本属性。

(2) 用户口令文件/etc/shadow。为提高安全性,用户真实的密码通过加密算法加密后保存在该配置文件中,该文件只有 root 用户可以读取。

（3）用户组账号文件/etc/group。系统中的每一个文件都有一个用户和一个组的属主。使用"ls -l"命令可以查看文件的属主和所属组。用户组账号的信息保存在/etc/group 配置文件中，任何用户均可以读取。

（4）用户组口令文件/etc/gshadow。该文件用于定义用户组口令、组管理员等信息，该文件只有 root 用户可以读取。

3.1.3 用户的管理命令

以下命令需要用管理员 root 账户登录后才能执行，或者是拥有 root 组权限的账户。

1. 用户的管理命令

1）useradd 命令

功能：创建或添加新用户；在/etc/passwd 文件中增添一行记录，在/home 目录下创建新用户的主目录。

格式：useradd［选项］用户名。

2）usermod 命令

功能：修改用户账号的各种属性。

格式：usermod［选项］用户名。

3）userdel 命令

功能：删除用户。

格式：userdel［选项］用户名。

4）passwd 命令

功能：设置用户登录密码。

格式：passwd［选项］用户名。

5）id 命令

功能：显示用户当前的 UID、GID 以及所属群组的组列表。

格式：id［选项］用户名。

6）su 命令

功能：用于变更为其他使用者的身份，除 root 外，需要键入该使用者的密码。

格式：su［选项］［用户名］。

2. 用户组的管理命令

1）groupadd 命令

功能：创建用户组。

格式：groupadd［选项］用户组名称。

2）groupmod 命令

功能：修改用户组属性。

格式：groupmod［选项］［用户组］。

3）gpasswd 命令

功能：添加/删除组成员。

格式：gpasswd［选项］［用户］［用户组］。

4）groupdel 命令

功能：删除组账户。

格式：groupdel 用户组名称。

5）groups 命令

功能：显示用户所属组。

格式：groups 用户名。

3.1.4　文件权限

Linux 系统是一种典型的多用户系统，不同的用户拥有不同的文件操作权限。在/etc 目录下输入命令 ls -l，可以得到如下结果。

```
[root@localhost etc]#ls -l
-rw-r--r--.  1 root root      16 Oct  21  08:43  adjtime
-rw-r--r--.  1 root root    1518 Jun   7  2013  aliases
-rw-r--r--.  1 root root  12 288 Oct  21  08:44  aliases.db
drwxr-xr-x.2 root root     236 Oct  21  08:41  alternatives
-rw-------.  1 root root     541 Apr  11  2018  anacrontab
```

下面对 ls -l 命令的输出结果做如下解释。

1. 文件类型

在输出结果的每一行，最左边的第一个字符（如"-""d"等）是 Linux 系统中文件类型的标志位。Linux 中一切皆文件，即 Linux 系统把所有文件和设备都当作文件来管理。其中-表示普通文件；d 表示目录文件；l 表示链接文件；b 表示块设备文件，如提供存储的接口设备；c 表示字符设备文件，如键盘、鼠标；p 表示管道文件。

2. 文件的属性和权限

文件类型标志位之后的 9 位（如"rwxr--r--"），每三位一段，依次代表文件所有者、同组用户、其他用户对文件所拥有的权限。Linux 系统赋予了文件 3 种属性：可读（r）、可写（w）、可执行（x）。-表示不具备对应的权限。文件所有者一般是文件的创建者。文件所有者可以允许同组用户访问文件，还可以将文件的访问权限赋予系统中的其他用户。

对一般文件来说，"可读"表示能够读取文件的实际内容；"可写"表示能够编辑、新增、修改、删除文件的实际内容；"可执行"表示能够运行一个脚本程序。对目录文件来说，"可读"表示能够读取查看目录内的文件列表；"可写"表示能够在目录内新建、删除、重命名、移动文件；"可执行"表示能够进入该目录。

3. 文件权限的字符与数字表示

文件权限的字符与数字表示见表 3-1。

表 3-1　文件权限的字符与数字表示

权限	读	写	执行	读	写	执行	读	写	执行
字符表示	r	w	x	r	w	x	r	w	x
数字表示	4	2	1	4	2	1	4	2	1
权限分配	文件所有者			文件所属组			其他用户		

例如，查看文件/etc/passwd 的权限（见图 3-1），其中，"-"表示没有权限。

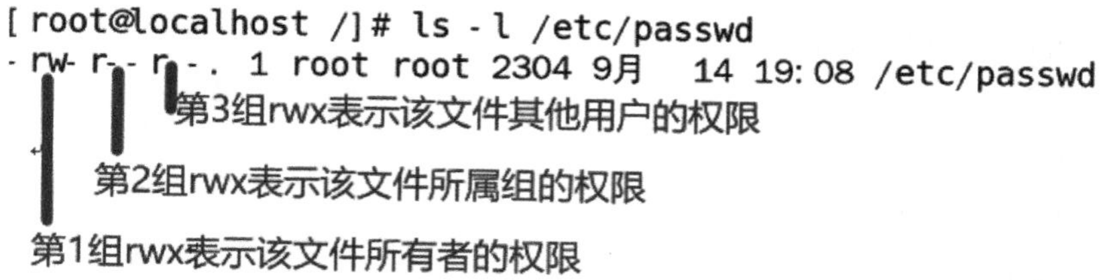

```
[root@localhost /]# ls -l /etc/passwd
-rw-r--r--. 1 root root 2304 9月   14 19:08 /etc/passwd
```

第3组rwx表示该文件其他用户的权限

第2组rwx表示该文件所属组的权限

第1组rwx表示该文件所有者的权限

图 3-1　文件的权限

4. 文件权限的相关命令

1）chown 命令

功能：修改文件或目录的所有者。

格式：chown［选项］所有者 文件/目录。

2）chgrp 命令

功能：修改文件或目录所属的组。

格式：chgrp［选项］所属组 文件/目录。

3）chmod 命令

功能：修改所有者和所属组的权限。

语法：chmod［选项］绝对权限值 文件/目录。

3.2　实训练习

3.2.1　查看用户和用户组的配置文件

（1）进入/etc 目录，查看 passwd 文件的类型和权限。

```
[root@localhost etc]#ls -l passwd
-rw-r--r--. 1 root root 798 Oct 21 08:43 passwd
```

"-"表示这是一个普通文件，由 root（第一个 root）创建，root 用户拥有读和写的权限。root（第二个 root）用户组的用户可以读这个文件，但不能修改。其他用户对这个文件没有任何权限。

（2）查看用户账号文件 passwd 的内容。

```
[root@localhost etc]#cat passwd
root:x:0:0:root:/root:/bin/bash
bin:x:1:1:bin:/bin:/sbin/nologin
daemon:x:2:2:daemon:/sbin:/sbin/nologin
adm:x:3:4:adm:/var/adm:/sbin/nologin
lp:x:4:7:lp:/var/spool/lpd:/sbin/nologin
sync:x:5:0:sync:/sbin:/bin/sync
shutdown:x:6:0:shutdown:/sbin:/sbin/shutdown
halt:x:7:0:halt:/sbin:/sbin/halt
```

passwd 文件中,每行定义了一个用户账号,每一行由 7 个字段的数据组成,字段之间用
":"分隔,每一段的含义分别是账号名称、密码、UID、GID、用户名、主目录、Shell。

(3) 查看用户口令文件 shadow 的内容。

```
[root@localhost etc]#cat shadow
bin:*:17834:0:99999:7:::
daemon:*:17834:0:99999:7:::
adm:*:17834:0:99999:7:::
lp:*:17834:0:99999:7:::
sync:*:17834:0:99999:7:::
shutdown:*:17834:0:99999:7:::
```

shadow 文件中的每行记录代表一个用户,使用分隔符":"分隔为 9 个域,每个域的含义分
别为、用户名、加密密码、最后一次修改时间、最小修改时间间隔、密码有效期、密码需要变更前
的警告天数、密码过期后的宽限时间、账号失效时间、保留字段。

(4) 查看用户组账号文件 group。

```
[root@localhost etc]#cat group
root:x:0:
bin:x:1:
daemon:x:2:
```

group 文件中每行定义了一个用户组信息,行中各字段用":"分隔,每行记录的格式为用
户组的名称:x:GID:用户成员列表。

(5) 查看用户组口令文件 gshadow。

```
[root@localhost etc]#cat gshadow
root:::
bin:::
daemon:::
sys:::
```

gshadow 文件中每行定义了一个用户组信息,行中各字段用":"分隔,每行记录的格式为
组名:组的加密口令:组的管理员账号:组成员。

3.2.2 用户管理命令的应用

(1) 创建一个新用户 user01,指定用户主目录为/home/user01。

```
[root@localhost~ ]#useradd -d /home/user01 -m user01
[root@localhost~ ]#ls /home
user01
```

-d 目录——指定用户主目录,如果目录不存在,则同时使用-m 选项可以创建主目录,默认主目录为/home/用户名。-g 用户组(或使用 GID)——设定用户所属基本组,该组在指定时必须已存在。

(2)为用户 user01 设置密码。

```
[root@localhost~ ]#passwd user01
Changing password for user user01.
New password:          (输入新的密码,注意这里不会显示输入的内容)
Retype new password:(重复输入上面的密码)
passwd: all authentication tokens updated successfully.  (密码更新成功)
```

(3)锁定/解锁用户 user01 的密码。

```
[root@localhost~ ]#passwd-l user01
Locking password for user user01.
passwd: Success
[root@localhost~ ]#passwd-u user01
Unlocking password for user user01.
passwd: Success
```

passwd 命令的选项:-l 表示锁定用户无权更改其密码,仅能通过 root 权限操作;-u 表示解除锁定;-d 表示删除用户密码,仅能以 root 权限操作。

(4)临时禁止用户 user01 登录,查看文件/etc/shadow 最后一行的变化。

```
[root@localhost~ ]#usermod-L user01
[root@localhost~ ]#tail - 1 /etc/shadow
user01:! $ 6$ NVzJgT9o$ Iz8KASeo6m79i/2a4/AUbb/OTNUPzqA41eLjvqVd.
GxIbaL/LRtUKXEzAougA1wx6HygaGmGpDvxcTAypL2RE/:19309:0:99999:7:::
```

若临时禁止用户登录,可将该用户账户锁定。经 usermod 命令的选项-L 锁定的账户,通过在密码文件 shadow 的密码字段前加"!"来标识。

(5)解锁用户 user01,查看文件/etc/shadow 最后一行的变化。

```
[root@localhost~ ]#usermod-U user01
[root@localhost~ ]#tail - 1/etc/shadow
user01: $ 6 $ NVzJgT9o $ Iz8KASeo6m79i/2a4/AUbb/OTNUPzqA41eLjvqVd.
GxIbaL/LRtUKXEzAougA1wx6HygaGmGpDvxcTAypL2RE/:19309:0:99999:7:::
```

(6)使用 id 命令查看 user01 的 UID 和 GID。

```
[root@localhost~ ]#id user01
uid= 1000(user01) gid= 1000(user01) groups= 1000(user01)
```

（7）将 user01 更名为 user02，查看文件/etc/passwd 最后 2 行的变化。

```
[root@localhost~ ]#usermod-l user02 user01
[root@localhost~ ]#tail - 1 /etc/passwd
user02:x:1000:1000::/home/user01:/bin/bash
```

命令 usermod 的选项-l 用于修改用户账户名称，命令格式为 usermod -l ＜新用户名＞ ＜原用户名＞。

（8）修改用户 user02 的 UID。

```
[root@localhost~ ]#usermod -u 2000 user02
[root@localhost~ ]#id user02
uid= 2000(user02) gid= 1000(user01) groups= 1000(user01)
```

命令 usermod 的选项-u 用于修改用户的 UID，命令格式为 usermod -u ＜UID＞。

（9）删除用户 user02。

```
[root@localhost~ ]#userdel -rf user02
```

userdel 命令的选项-r 表示在删除用户的同时，删除用户对应的主目录；-f 表示强制删除用户。执行完命令后，可查看文件/etc/passwd 的变化，看用户主目录是否被删除。

3.2.3　用户组管理命令的应用

（1）创建用户 user01、user02，查看文件/etc/group 最后 3 行。

```
[root@localhost~ ]#useradd user01
[root@localhost~ ]#useradd user02
[root@localhost~ ]#tail - 2 /etc/group
user01:x:1000:
user02:x:1001:
```

（2）创建一个新的用户组 userx，查看文件/etc/group 的最后 3 行。

```
[root@localhost~ ]#groupadd userx
[root@localhost~ ]#tail - 3 /etc/group
user01:x:1000:
user02:x:1001:
userx:x:1002:
```

（3）将用户 user01 添加到组 userx 中，查看文件/etc/group 最后 3 行的变化。

```
[root@localhost~ ]#gpasswd -a user01 userx
Adding user user01 to group userx
```

```
[root@localhost~ ]#tail - 3 /etc/group
user01:x:1000:
user02:x:1001:
userx:x:1002:user01
```

gpasswd 命令的选项-a 表示把用户加入组;-d 表示把用户从组中删除。只有 root 用户和组管理员才有权限操作。

（4）从用户组 userx 中删除用户 user01,查看文件/etc/group 最后 3 行的变化。

```
[root@localhost~ ]#gpasswd -d user02 userx
Removing user user01 from group userx
[root@localhost~ ]#tail - 3 /etc/group
user01:x:1000:
user02:x:1001:
userx:x:1002:
```

（5）更改用户组 userx 的 GID 为 6666。

```
[root@localhost~ ]#groupmod -g 6666 userx
[root@localhost~ ]#tail - 3 /etc/group
user01:x:1000:
user02:x:1001:
userx:x:6666:user01
```

groupmod 命令的选项-g 表示为用户组指定新的组标识号 GID。

（6）查看用户 user01 所在的组。

```
[root@localhost~ ]#groups user01
user01:user01 userx
```

（7）删除用户组 userx。

```
[root@localhost~ ]#groupdel userx
[root@localhost~ ]#tail - 3 /etc/group
postfix:x:89:
user01:x:1000:
user02:x:1001:
```

在删除用户组时,被删除的用户组不能是某个账户的私有用户组,否则将无法删除;若要删除,则应先删除引用该私有用户组的账户,然后再删除用户组。

（8）切换用户。

```
[root@localhost~ ]#su user01
[user01@localhost root]$
```

su 命令与用户名之间加一个减号(—),意味着完全切换到新的用户,即把环境变量信息也变更为新用户的相应信息。建议在切换用户时添加减号。

su-用户名:切换时用户和环境变量都改变。

su 用户名:只切换用户,环境变量不变。

3.2.4　文件权限的应用

(1) 在目录/tmp 下新建目录 test,在 test 中建立子目录 test01、test02,以及文件 a1 和 a2。新建用户 user01 和 user02。

```
[root@localhost/]#cd/tmp
[root@localhost tmp]#mkdir test
[root@localhost tmp]#cd test
[root@localhost test]#mkdir test01 test02
[root@localhost test]#touch a1 a2
[root@localhost test]#useradd user01 user02
```

(2) 查看文件 a1 的属性。

```
[root@localhost test]#ls -l a1
-rw-r--r--. 1 root root 0 Nov 13 11:26 a1
```

ls 命令的选项-l 表示显示文件的属性与权限等信息;文件 a1 的所有者和所属组为管理员 root。

(3) 修改文件 a1 的所有者为 user01。

```
[root@localhost test]#chown user01 a1
[root@localhost test]#ls -l a1
-rw-r--r--. 1 user01 root 0 Nov 13 11:26 a1
```

修改后文件 a1 的所有者为用户 user01,所属组为管理员 root。

(4) 修改目录文件 test01 的所有者为 user01。

```
[root@localhost test]#chown user01 test01
[root@localhost test]#ls -ld test01
drwxr-xr-x. 2 user01 root 6 Nov 13 11:26 test01
```

ls 命令的选项-d 表示仅列出目录。

(5) 将文件 a2 移到目录 test02 中,递归修改目录文件 test02 的所有者为 user02。

```
[root@localhost test]#mv a2 test02
[root@localhost test]#chown -R user02 test02
[root@localhost test]#ls -ld test02
```

```
drwxr-xr-x. 2 user02 root 16 Nov 13 11:34 test02
[root@localhost test]#ls -ld test02/a2
-rw-r--r--. 1 user02 root 0 Nov 13 11:26 test02/a2
```

命令 chown 的选项-R 表示对当前目录下的所有文件与子目录进行相同的权限变更。注意,只有文件或目录的所有者或 root 用户才有权限更改。

(6) 修改文件 a1 的所属组为 user01。

```
[root@localhost test]#chgrp user01 a1
[root@localhost test]#ls -l a1
-rw-r--r--. 1 user01 user01 0 Nov 13 11:26 a1
```

(7) 递归修改目录文件 test02 的所属组为 user02。

```
[root@localhost test]#chgrp -R user02 test02
[root@localhost test]#ls -ld test02
drwxr-xr-x. 2 user02 user02 16 Nov 13 11:34 test02
```

命令 chgrp 的选项-R 表示对当前目录下的所有文件与子目录进行相同的权限变更。注意,只有文件或目录的所有者或 root 用户才有权限更改。

3.2.5 所有者和所属组权限的应用

(1) 文件 a1 的所属组添加可写权限。

```
[root@localhost test]#chmod g+ w a1
[root@localhost test]#ls -l a1
-rw-rw-r--. 1 user01 user01 0 Nov 13 11:26 a1
```

修改权限使用加减法时,其中 u 代表所有者,g 代表所有者所在的组,o 代表其他用户,a 代表所有用户(默认)。操作符号+代表添加某个权限,—代表取消某个权限,=代表赋予给定权限并取消其他所有权限。权限字符 r 代表可读,w 代表可写,x 代表可执行。

(2) 文件 a1 的所属组取消可写权限。

```
[root@localhost test]#chmod g-w a1
[root@localhost test]#ls -l a1
-rw-r--r--. 1 user01 user01 0 Nov 13 11:26 a1
```

(3) 给目录 test01 的所属组赋予全部权限。

```
[root@localhost test]#chmod g= rwx test01
[root@localhost test]#ls -ld test01
drwxrwxr-x. 2 user01 root 6 Nov 13 11:26 test01
```

（4）文件 a1 目前的权限为-rw-rw-rw-，修改文件 a1 的权限为 644。

```
[root@localhost test]#chmod 644 a1
[root@localhost test]#ls -l a1
-rw-r--r--. 1 user01 user01 0 Nov 13 11:26 a1
```

修改权限使用**数字法**时，其中权限的数字字符 7 表示 rwx，即拥有读、写和执行的权限；6 表示 rw-，即拥有读和写的权限；5 表示 r-x，即拥有读和执行的权限；4 表示 r--，即拥有只读权限；3 表示-wx，即拥有写和执行的权限；2 表示-w-，即拥有只写权限；1 表示 --x，即仅拥有执行权限；0 表示---，即无任何权限。

（5）利用数字法分配目录 test02 的所有者有读、写和执行权限，所属组和其他人有只读权限。

```
[root@localhost test]#chmod 744 test02
[root@localhost test]#ls -ld test02
drwxr--r--. 2 user02 user02 16 Nov 13 11:34 test02
```

（6）取消目录 test02 所有者的执行权限。

```
[root@localhost test]#chmod u-x test02
[root@localhost test]#ls -ld test02
drw-r--r--. 2 user02 user02 16 Nov 13 11:34 test02
```

拓展实训

1. 创建用户组 studentgroup。
2. 创建用户 student1，为该用户设置密码，然后使该用户加入 studentgroup 组。
3. 创建用户 student2，其用户主目录为/home/student2，所属组为 studentgroup，为该用户设置密码。
4. 查看文件/etc/passwd、/etc/shadow、/etc/group 最后 5 行的内容。
5. 用 id 命令显示用户 student1 和 student2 的信息。
6. 修改 text1 的所有者为 student1，text2 的所有者为 student2。
7. 递归修改目录 text1 的所属组为 teststudent。
8. 将文件 text1、text2 的权限分别修改为 664、765。
9. 将目录 aaa 的所有者修改为 student2。

习题

一、选择题

1. 用 useradd user 命令添加一个用户，这个用户的主目录是（　　　）。
    A. /home/user　　　　　　　　　B. /bin/user
    C. /var/user　　　　　　　　　　D. /etc/user
2. Passwd 文件用于存放系统的用户账号信息，该文件位于（　　　　），文件中的每一行代表一个用户。

A. /etc/shadow   B. /bin/shadow

C. /etc/Passwd   D. /bin/Passwd

3. 用于文件系统直接修改文件权限的命令为（　　）。

    A. chown   B. chgrp   C. chmod   D. umask

4. （　　）命令可以将普通用户转换成超级用户。

    A. super   B. su   C. tar   D. passwd

5. （　　）命令可以删除一个用户并同时删除用户的主目录。

    A. rmuser -r   B. deluser -r

    C. userdel -r   D. usermgr -r

6. drwxr-xr--对应的数字权限是（　　）。

    A. 766   B. 754   C. 755   D. 645

7. 某文件组外成员的权限为只读，所有者有全部权限，组成员的权限为读与写，则该文件的权限为（　　）。

    A. 467   B. 674   C. 476   D. 764

8. 可给文件 test 加上其他人可写属性的命令是（　　）。

    A. chmod o＋w   B. chmod a＋w

    C. chmod o＋x   D. chmod a＋x

9. 执行命令 chmod o＋rw file 后，file 文件的权限变化为（　　）。

    A. 同组用户可读写 file 文件

    B. 其他用户可读写 file 文件

    C. 所有用户都可读写 file 文件

    D. 文件所有者可读写 file 文件

10. 添加用户时使用参数（　　）可以指定用户目录。

    A. -d   B. -p   C. -u   D. -c

二、填空题

1. 为了保证系统的安全，一般将/etc/passwd 文件的密码加密后保存在_____文件。

2. Linux 文件权限长度一共 10 位，分成四段，第三段表示的内容是_____。

3. 唯一标识每一个用户的是用户的_____和 GID。

4. 文件权限读、写、执行的标识符号依次是_____。

5. 执行命令 chmod 764 file.txt，那么该文件的权限是_____。

6. 添加账户 user2，为其指定 ID 为 1000 的命令是_____。

7. 某文件的权限为 drw-r--r--，该文件的属性是_____。

8. 修改用户自身的密码可使用命令_____。

9. 用于文件系统直接修改文件权限的命令为_____。

10. 将用户账户 user2 锁定的命令是_____，将用户账户 user2 解锁的命令是_____。

第 4 章　CentOS 7 网络的管理

本章将介绍 IP 地址、子网掩码、网关、DNS 的基本概念,网络配置文件及配置方式,主机名、以太网卡的设置,常用的网络操作命令的使用方法。

4.1　知识必备

4.1.1　IP 地址、子网掩码、网关、DNS 的基本概念

1. IP 地址

IP(internet protocol)是为计算机网络相互连接并进行通信而设计的协议。IP 是 TCP/IP 协议中网络层的主要协议,任务是根据源主机和目的主机的地址传送数据。为此,IP 定义了寻址方法和数据报的封装结构,即 IP 地址。

IP 地址是 IP 协议提供的一种统一的地址格式,IP 协议为互联网上的每一个网络和每一台主机分配一个逻辑地址,以此来区别于物理地址。一个 IP 地址在整个因特网范围内是唯一的。常见的 IP 地址,分为 IPv4 与 IPv6 两大类,IPv4 由 32 位二进制数组成;IPv6 由 128 位二进制数组成。

IP 地址的长度为 32 位(共有 2^{32} 个 IP 地址),分为 4 段,每段 8 位,用十进制数字表示,每段数字范围为 0~255,段与段之间用“.”隔开。IP 地址由网络标识号与主机标识号两部分组成,其中网络号标识主机所连接的网络,一个网络号在整个因特网范围内必须是唯一的。主机号标识主机,一个主机号在它前面所指明的网络范围内必须是唯一的。

IP 地址分为五大类,即 A 类、B 类、C 类、D 类和 E 类,它们适用的对象和场景分别为大型网络、中型网络、小型网络、多目地址和备用。常用的是 B 类和 C 类两类。

2. 子网掩码

子网掩码(subnet mask)又称网络掩码、地址掩码,它是一种用来指明一个 IP 地址中哪些位标识的是主机所在的子网,以及哪些位标识的是主机的位掩码。子网掩码不能单独存在,它必须结合 IP 地址一起使用。子网掩码只有一个作用,就是将某个 IP 地址划分成网络地址和主机地址两部分。

子网掩码是一个 32 位地址,用于屏蔽 IP 地址的一部分以区别网络标识和主机标识,并说明该 IP 地址是在局域网中,还是在远程网中。通过子网掩码,可以判断两个 IP 地址是否在同一个局域网内部,还可以看出有多少位是网络号,有多少位是主机号。

子网掩码就是 IP 地址的网络部分用全 1 表示,主机部分用全 0 表示。对于 A 类地址来说,默认的子网掩码是 255.0.0.0;对于 B 类地址来说,默认的子网掩码是 255.255.0.0;对于

C 类地址来说,默认的子网掩码是 255.255.255.0。

3. 网关

网关(Gateway)又称网间连接器、协议转换器。网关在传输层上实现网络互连,是最复杂的网络互连设备,仅用于两个高层协议不同的网络互连。网关既可以用于广域网互连,也可以用于局域网互连。在使用不同的通信协议、数据格式或语言,甚至体系结构完全不同的两种系统之间,网关是一个翻译器。与网桥只是简单地传达信息不同,网关对收到的信息重新打包,以适应目的系统的需求。同时,网关也可以提供过滤和安全保障功能。大多数网关运行在 OSI 7 层协议的顶层——应用层。

4. DNS

计算机域名系统(domain name system,DNS)由解析器和域名服务器组成。域名服务器是指保存有该网络中所有主机的域名和对应的 IP 地址,并具有将域名转换为 IP 地址功能的服务器。DNS 是万维网上域名和 IP 地址相互映射的一个分布式数据库,能够使用户更方便地访问互联网。通过域名,最终得到域名对应的 IP 地址的过程叫做域名解析或主机名解析。那么为什么需要 DNS 解析域名为 IP 地址呢?计算机在网络上通信时只能识别 IP 地址(网络通信大部分基于 TCP/IP 协议,而 TCP/IP 是基于 IP 地址的),比如,要在浏览器中访问百度的地址,可以在地址栏中直接输入 14.215.177.39,由此就能访问百度的首页。但是用户无法记住众多的 IP 地址,于是域名就出现了,域名是一串用"."分隔的唯一名字。在访问网站的时候,可以在浏览器地址栏中输入域名 www.baidu.com,DNS 会把域名翻译成对应的 IP 地址。

4.1.2 网络的配置

要想使 Linux 主机能与网络中的其他主机相互通信,必须进行相关的网络配置。网络配置通常包括主机名、网卡的 IP 地址、子网掩码、默认网关(默认路由)、DNS 服务器的 IP 地址等。在 Linux 中,网络配置信息分别存储在不同的配置文件中,可以通过编辑这些文件来完成网络配置。以下是几个重要的网络配置文件及其目录:①网络设置文件——/etc/sysconfig/network;②IP 地址和主机名的映射——/etc/hostname;③网卡配置文件所在目录——/etc/sysconfig/network-scripts;④域名解析配置文件——/etc/resolv.conf。CentOS 7 的网络配置,基本上是通过修改这几个配置文件来实现的;也可以用 ifconfig 来设置 IP,用 route 来配置默认网关,用 hostname 来配置主机名等,但是重启后会丢失。

4.1.3 网卡的配置与主机名的配置

1. 主机名的配置

主机名是用于识别网络中某台计算机的标识,可以通过 hostname 命令设置主机名,也可以通过编辑配置文件修改主机名。

hostname 命令的功能与格式如下。

功能:显示主机名。

格式:hostname [选项]。

2. ifconfig 命令

功能:查看和配置网络状态。当网络环境发生改变时,可通过此命令对网络进行相应的配置。

格式:ifconfig [网络设备] [参数]。

表 4-1　ifconfig 命令和功能

命令	功能
ifconfig	显示当前活动网卡(未被禁用)
ifconfig -a	显示系统中所有网卡的设置信息
ifconfig 网卡设备名称	显示指定网卡的设置信息
ifconfig 网卡设备名称 IP 地址 netmask 子网掩码[up|down]	临时设置网卡的 IP 地址
ifconfig 网卡设备名称 down	禁用网卡
ifdown 网卡设备名称	禁用网卡
ifconfig 网卡设备名称 up	启用网卡
ifup 网卡设备名称	启用网卡

4.1.4　常用的网络命令及其功能

1. ping 命令

功能：确定网络和各外部主机的状态；跟踪和隔离硬件和软件问题；测试、评估和管理网络。

格式：ping［参数］［主机名或 IP 地址］。

ping 命令是最常用的网络测试命令，该命令通过向被测试的目的主机地址发送 ICMP 报文并收取回应报文，测试当前主机与目的主机的网络连接状态。

在 Linux 系统中，ping 命令默认会不间断地发送 ICMP 报文直到用户使用 Ctr＋C 或 Ctrl＋Z 键来终止该命令。

表 4-2　ping 命令的部分选项及其功能

选项	功能
-c	设置完成要求回应的次数
-s	设置数据包的大小
-i	指定收发信息的间隔时间
-I	使用指定的网络接口送出数据包
-l	设置在送出要求信息之前，先行发出的数据包
-n	只输出数值
-p	设置填满数据包的范本样式

2. route 命令

功能：显示或设置 Linux 内核中的网络路由表，设置的路由主要是静态路由。

格式：route［选项］［参数］。

表 4-3　route 命令的部分选项及其功能

选项	功能
-c	显示更多信息
-n	不解析名字
-v	显示详细的处理信息

（续表）

选项	功能
-F	显示发送信息
-C	显示路由缓存
-f	清除所有网关入口的路由表
-p	与 add 命令一起使用时使路由具有永久性
add	添加一条新路由
del	删除一条路由
-net	目标地址是一个网络
-host	目标地址是一个主机
netmask	当添加一个网络路由时，需要使用网络掩码

3. netstat 命令

功能：查看网络状态。

格式：netstat［选项］。

表 4-4　netstat 命令的部分选项及其功能

选项	功能
-a 或--all	显示所有连线中的 socket
-C 或--cache	显示路由器配置的快取信息
-i 或--interfaces	显示网络界面信息表单
-l 或--listening	显示监控中的服务器的 socket
-n 或--numeric	直接使用 IP 地址，而不通过域名服务器
-o 或--timers	显示计时器
-p 或--programs	显示正在使用 socket 的程序识别码和程序名称
-r 或--route	显示路由表
-s 或--statistics	显示网络工作信息统计表
-t 或--tcp	显示 TCP 传输协议的连线状况
-u 或--udp	显示 UDP 传输协议的连线状况

4.2　实训练习

4.2.1　设置主机名

（1）查看主机名。

```
[root@localhost test]#hostname
localhost.localdomain
```

hostname 命令用于显示和设置系统的主机名，选项-s 表示以短格式显示主机名。文件/

proc/sys/kernel/hostname 保存了主机名。

（2）设置主机名。

```
[root@localhost test]#hostname mycentos
[root@localhost test]#hostname
mycentos
```

设置主机名的格式为 hostname 主机名；环境变量 HOSTNAME 也保存了主机名。该命令不会将新的主机名保存到配置文件 etc/hostname 中，重新启动系统后，主机名将恢复为配置文件中所设置的主机名。

（3）编辑/etc/hostname 文件，设置主机名，永久生效。

```
[root@localhost test]#vim/etc/hostname
mycentos
```

保存退出即可。在/etc/hostname 文件中修改主机名后，需要重新启动主机，主机名永久生效。在 CentOS 7 中使用 hostnamectl set-hostname 命令修改主机名后，主机名也可永久生效。

```
[root@localhost test]#vim/etc/hostname
mycentos
```

4.2.2 网络信息查看与设置

（1）查看当前活动网卡信息（见图 4-1）。

```
[root@localhost test]# ifconfig
ens33: flags=4163<UP,BROADCAST,RUNNING,MULTICAST>  mtu 1500
        inet 192.168.200.134  netmask 255.255.255.0  broadcast 192.168.200.255
        inet6 fe80::64bc:d052:4bb5:c716  prefixlen 64  scopeid 0x20<link>
        ether 00:0c:29:15:15:f9  txqueuelen 1000  (Ethernet)
        RX packets 4295  bytes 361095 (352.6 KiB)
        RX errors 0  dropped 0  overruns 0  frame 0
        TX packets 2819  bytes 315533 (308.1 KiB)
        TX errors 0  dropped 0 overruns 0  carrier 0  collisions 0

ens34: flags=4163<UP,BROADCAST,RUNNING,MULTICAST>  mtu 1500
        ether 00:0c:29:15:15:03  txqueuelen 1000  (Ethernet)
        RX packets 66  bytes 6072 (5.9 KiB)
        RX errors 0  dropped 0  overruns 0  frame 0
        TX packets 0  bytes 0 (0.0 B)
        TX errors 0  dropped 0 overruns 0  carrier 0  collisions 0

lo: flags=73<UP,LOOPBACK,RUNNING>  mtu 65536
        inet 127.0.0.1  netmask 255.0.0.0
        inet6 ::1  prefixlen 128  scopeid 0x10<host>
        loop  txqueuelen 1000  (Local Loopback)
        RX packets 4  bytes 352 (352.0 B)
        RX errors 0  dropped 0  overruns 0  frame 0
        TX packets 4  bytes 352 (352.0 B)
        TX errors 0  dropped 0 overruns 0  carrier 0  collisions 0
```

图 4-1 使用 ifconfig 命令查看网卡配置信息

ifconfig 命令能查看所有活动网卡信息，包括 IP 地址和子网掩码，但是不能查看网关和 DNS 地址，此外还可以临时设置某一网卡的 IP 地址和子网掩码。

图 4-1 中网卡 ens33 是第一块网卡，ens34 是第二块网卡，inet 参数后面是 IP 地址，ether 参数后面是网卡的物理地址（MAC 地址），RX、TX 参数后面分别是接收、发送的数据包统计情况（数据字节数统计信息），lo 表示本地回环网卡的信息。

（2）通过网络配置文件查看网卡信息（见图 4-2）。

```
[root@localhost test]# vim /etc/sysconfig/network-scripts/ifcfg-ens33

TYPE="Ethernet"
PROXY_METHOD="none"
BROWSER_ONLY="no"
BOOTPROTO="dhcp"
DEFROUTE="yes"
IPV4_FAILURE_FATAL="no"
IPV6INIT="yes"
IPV6_AUTOCONF="yes"
IPV6_DEFROUTE="yes"
IPV6_FAILURE_FATAL="no"
IPV6_ADDR_GEN_MODE="stable-privacy"
NAME="ens33"
UUID="0bf28f7e-0829-4003-9d5b-1c0a4d0dc00e"
DEVICE="ens33"
ONBOOT="yes"
IPADDR=192.168.200.134
NETMASK=255.255.255.0
GATEWAY=192.168.200.2
DNS1=192.168.200.2
```

图 4-2　网络配置文件内容

/etc/sysconfig/network-scripts/ifcfg-ens33 是网卡 ens33 的配置文件，具体参数说明如下。①DEVICE：网卡设备名称。②BOOTPROTO：是否自动获取 IP（none、static、dhcp）。③ONBOOT：是否随网络服务启动当前网卡生效。④TYPE：网络类型，这里为以太网。⑤IPADDR：IP 地址。⑥NETMASK：子网掩码。⑦GATEWAY：网关地址。⑧DNS1：DNS 地址。

（3）配置网卡的 IP 地址。

```
[root@mycentos~ ]#ifconfig ens34 192.168.100.100 netmask 255.255.255.0
[root @ mycentos ~ ] # ifconfig ens34:2 192.168.100.200 netmask 255.255.255.0
```

命令 ifconfig ens34 192.168.100.100 netmask 255.255.255.0 表示给 ens34 网卡配置 IP 地址 192.168.100.100，子网掩码为 255.255.255.0。命令 ifconfig ens34:2 192.168.100.200 netmask 255.255.255.0 表示给 ens34 网卡配置第二个 IP 地址 192.168.100.200，子网掩码为 255.255.255.0。

（4）查看网卡信息。

ifconfig -a 表示查看所有网卡信息，这里新增了两个网卡的信息，分别是 ens34 和 ens34:2（见图 4-3）。

```
[root@mycentos ~]# ifconfig -a
ens33: flags=4163<UP,BROADCAST,RUNNING,MULTICAST>  mtu 1500
        inet 192.168.200.134  netmask 255.255.255.0  broadcast 192.168.200.255
        inet6 fe80::64bc:d052:4bb5:c716  prefixlen 64  scopeid 0x20<link>
        ether 00:0c:29:15:15:f9  txqueuelen 1000  (Ethernet)
        RX packets 5682  bytes 484708 (473.3 KiB)
        RX errors 0  dropped 0  overruns 0  frame 0
        TX packets 3793  bytes 443343 (432.9 KiB)
        TX errors 0  dropped 0 overruns 0  carrier 0  collisions 0

ens34: flags=4163<UP,BROADCAST,RUNNING,MULTICAST>  mtu 1500
        inet 192.168.100.100  netmask 255.255.255.0  broadcast 192.168.100.255
        ether 00:0c:29:15:15:03  txqueuelen 1000  (Ethernet)
        RX packets 117  bytes 10764 (10.5 KiB)
        RX errors 0  dropped 0  overruns 0  frame 0
        TX packets 203  bytes 12180 (11.8 KiB)
        TX errors 0  dropped 0 overruns 0  carrier 0  collisions 0

ens34:2: flags=4163<UP,BROADCAST,RUNNING,MULTICAST>  mtu 1500
        inet 192.168.100.200  netmask 255.255.255.0  broadcast 192.168.100.255
        ether 00:0c:29:15:15:03  txqueuelen 1000  (Ethernet)
```

图 4-3　重新配置地址之后的结果

（5）禁用网卡。

```
[root@localhost/]#ifconfig ens34 down
```

（6）重新启用网卡。

```
[root@localhost/]#ifconfig ens34 up
```

（7）停止指定的网卡设备。

```
[root@localhost/]#ifdown ens34:2
```

（8）启动指定的网卡设备。

```
[root@localhost/]#ifup ens34:2
```

4.2.3　ping——网络测试

（1）检测是否与主机相通。

测试一台在线的主机，IP 地址为 www.baidu.com（14.215.177.39），目的地址 ping 通（见图 4-4）。

测试一台不在线的主机，目的地址 ping 不通（见图 4-5）。

运行 ping 命令后会在几秒钟内回显域名所对应的 IP 地址，这是用户查看域名对应 IP 地址的一种方法。注意：需要手动终止，按组合键 Ctrl＋C。min、avg、max 是 Rtt（往返时延）的最小值、平均值、最大值，通过它们可以了解网络不同时间传输的差异。

```
[root@mycentos ~]# ping www.baidu.com
PING www.a.shifen.com (14.215.177.39) 56(84) bytes of data.
64 bytes from 14.215.177.39 (14.215.177.39): icmp_seq=1 ttl=128 time=76.7 ms
64 bytes from 14.215.177.39 (14.215.177.39): icmp_seq=2 ttl=128 time=113 ms
64 bytes from 14.215.177.39 (14.215.177.39): icmp_seq=3 ttl=128 time=74.4 ms
^C
--- www.a.shifen.com ping statistics ---
3 packets transmitted, 3 received, 0% packet loss, time 2015ms
rtt min/avg/max/mdev = 74.448/88.172/113.366/17.838 ms
```

图 4-4 测试 ping 命令(1)

```
[root@mycentos ~]# ping 192.168.100.20
PING 192.168.100.20 (192.168.100.20) 56(84) bytes of data.
From 192.168.100.200 icmp_seq=1 Destination Host Unreachable
From 192.168.100.200 icmp_seq=2 Destination Host Unreachable
From 192.168.100.200 icmp_seq=3 Destination Host Unreachable
From 192.168.100.200 icmp_seq=4 Destination Host Unreachable
From 192.168.100.200 icmp_seq=5 Destination Host Unreachable
```

图 4-5 测试 ping 命令(2)

(2) 指定接收包的次数(见图 4-6)。

```
[root@mycentos ~]# ping -c 2 -i 2 -s 2048 192.168.200.2
PING 192.168.200.2 (192.168.200.2) 2048(2076) bytes of data.
2056 bytes from 192.168.200.2: icmp_seq=1 ttl=128 time=0.303 ms
2056 bytes from 192.168.200.2: icmp_seq=2 ttl=128 time=2.37 ms

--- 192.168.200.2 ping statistics ---
2 packets transmitted, 2 received, 0% packet loss, time 2015ms
rtt min/avg/max/mdev = 0.303/1.339/2.375/1.036 ms
[root@mycentos ~]#
```

图 4-6 测试 ping 命令(3)

　　ping 命令中选项-c 用于指定 ping 的次数,收到 2 次包后自动退出;选项-i 用于设定间隔几秒发送一个网络封包给另一台机器,默认是 1 s 发送一次;选项-s 用于指定发送的数据字节数。

4.2.4 查看和设置路由表

　　(1) 用 netstat 命令显示系统路由表(见图 4-7)。

```
[root@mycentos ~]# netstat -rn
Kernel IP routing table
Destination     Gateway         Genmask         Flags   MSS Window  irtt Iface
0.0.0.0         192.168.200.2   0.0.0.0         UG        0 0          0 ens33
192.168.100.0   0.0.0.0         255.255.255.0   U         0 0          0 ens34
192.168.200.0   0.0.0.0         255.255.255.0   U         0 0          0 ens33
[root@mycentos ~]#
```

图 4-7 netstat 命令

（2）用 route 命令显示系统路由表（见图 4 - 8）。

```
[root@mycentos ~]# route
Kernel IP routing table
Destination      Gateway      Genmask        Flags Metric Ref    Use Iface
default          gateway      0.0.0.0        UG    100    0        0 ens33
192.168.100.0    0.0.0.0      255.255.255.0  U     0      0        0 ens34
192.168.200.0    0.0.0.0      255.255.255.0  U     100    0        0 ens33
[root@mycentos ~]#
```

图 4 - 8　router 命令

4.2.5　查看网络状态

显示详细的网络状况（见图 4 - 9）。

```
[ root@localhost /]# netstat - a
Active Internet connections ( servers and established)
Proto Recv- Q Send- Q Local Address          Foreign Address        State
tcp        0      0 0.0.0.0: sunrpc          0.0.0.0: *             LISTEN
tcp        0      0 0.0.0.0: x11             0.0.0.0: *             LISTEN
tcp        0      0 localhost. locald: domain 0.0.0.0: *            LISTEN
tcp        0      0 0.0.0.0: ssh             0.0.0.0: *             LISTEN
tcp        0      0 localhost: ipp           0.0.0.0: *             LISTEN
tcp        0      0 localhost: smtp          0.0.0.0: *             LISTEN
```

图 4 - 9　显示详细的网络状况

拓展实训

1. 查看当前系统的网络接口信息（活动的/指定的/所有的接口）。
2. 查看路由信息。
3. 查看当前的主机名。
4. 使用 hostname 命令设置主机名。
5. 在/etc/sysconfig/network 中修改主机名。

习题

一、选择题

1. 显示当前主机的主机名应使用的命令是（　　　）。

　　A. hosts　　　　　　B. host　　　　　　C. hostname　　　　　D. host name

2. 下列文件中包含主机名与 IP 地址映射关系的文件是（　　　）。

　　A. /etc/HOSTNAME　　　　　　　　B. /etc/hosts

　　C. /etc/resolv. conf　　　　　　　D. /etc/networks

3. （　　　）命令可以报告当前网络的所有状态。

　　A. netstat　　　　　B. ifconfig　　　　　C. ipconfig　　　　　D. ping

4. 设置默认路由为 192. 168. 1. 3 的命令是（　　　）。

　　A. route add 192. 168. 1. 3

    B. route add default gw 192.168.1.3

    C. route add gw 192.168.1.3

    D. route add default 192.168.1.3

5. 向 192.168.1.20 的地址发送 6 次 ICMP 报文使用命令(　　)。

    A. ping -b 6 192.168.1.20

    B. ping -c 6 192.168.1.20

    C. ping 6 192.168.1.20

    D. 以上都不是

二、填空题

1. IP 地址的长度为 32 位,分为 4 段,每段 8 位,用十进制数字表示,每段数字范围为 _____。

2. 域名服务器是指保存有该网络中所有主机的域名和 _____,并具有将域名转换为 IP 地址功能的服务器。

3. 改变主机名应使用的命令是 _____。

4. 使用 _____ 命令检测基本网络连接。

5. 实现从 IP 地址到以太网 MAC 地址转换的命令为 _____。

第 5 章　CentOS 7 文件系统与磁盘管理

在 Linux 系统中，如何有效地对存储空间加以使用和管理，是一项非常重要的技术。Linux 系统中的普通文件和目录文件保存在称为块设备的磁盘上。一套 Linux 系统支持若干物理盘，每个物理盘可定义一个或者多个文件系统。本章主要介绍 Linux 中常见的文件系统、用于磁盘管理的磁盘分区命令 fdisk、检查文件系统磁盘使用量的命令 df 和检查磁盘空间使用量的命令 du 等。

5.1　知识必备

5.1.1　Linux 文件系统及其类型

1. 文件系统

文件系统负责对文件存储设备的空间进行组织和分配，是存储文件并对存入的文件进行保护和检索的系统。Linux 文件系统中的文件是数据的集合，文件系统不仅包含文件中的数据，而且还涉及文件系统的结构，所有 Linux 用户和程序使用的文件、目录、软链接及文件保护信息等都存储在其中。Linux 文件系统结构如下。

（1）引导块：在文件系统的开头，通常为一个扇区，存放引导程序，用于读入并启动操作系统。

（2）超级块：用于记录文件系统的管理信息。特定的文件系统定义了特定的超级块。

（3）inode 区（索引节点）：一个文件或目录占据一个索引节点。第一个索引节点是文件系统的根节点。利用根节点，可以把一个文件系统挂在另一个文件系统的非叶节点上。

（4）数据区：用于存放文件数据或者管理数据。

2. 文件系统类型

Linux 系统以文件的形式对计算机中的数据和硬件资源进行管理，反映在 Linux 的文件类型上就是普通文件、目录文件、设备文件、链接文件、管道文件、套接字文件（数据通信的接口）等。而这些文件被 Linux 使用目录树进行管理，目录树是以根目录（/）为主，向下呈分支状的一种文件结构。

Linux 环境下几种常用的文件系统如下。

（1）ext2：Linux 文件系统中使用得最多的类型，并且在速度和 CPU 利用率方面较为突出。ext2 存取文件的性能极好，并可以支持 256 字节的长文件名，是 GNU/Linux 系统中标准的文件系统。

（2）ext3：ext2 的改进版本，支持日志功能，能够帮助系统从非正常关机导致的异常中恢复;提供了更好的安全性以及向上、向下的兼容性能。ext3 文件系统格式被广泛应用于目前的 Linux 系统中。

（3）ext4：ext 文件系统的最新版本，提供了很多新的特性，包括纳秒级时间戳、创建和使用巨型文件（16TB）、最大达 1EB 的文件系统，以及速度的提升；CentOS 6 默认的文件系统是 ext4。

（4）XFS：一种高性能的日志文件系统，由 SGI 公司设计，被称为业界最先进、最具可升级性的文件系统。XFS 是一个 64 位文件系统，最大支持 8EB 减 1 字节的单个文件系统，实际部署时取决于宿主操作系统的最大块限制；CentOS 7 默认的文件系统是 XFS。

（5）VFS：Linux 的虚拟文件系统，是一个内核软件层，物理文件系统与服务之间的一个接口层。虚拟文件系统是 Linux 设计的一种方便统一管理各种文件系统的文件系统类型，它把对不同文件系统提供的不同操作，统一转换成 Linux 所支持的文件系统操作。严格来说，VFS 并不是一种真正意义上的文件系统，它只存在于内存中，不存在于任何外存空间。VFS 在系统启动时建立，在系统关闭时消失。

5.1.2 磁盘、分区和文件系统的创建

1. 磁盘管理

Linux 系统中一切皆文件。每一个硬件设备都映射到系统的一个文件上，硬盘、光驱等 IDE 或 SCSI 设备也不例外。硬件设备既然是文件，就应有文件名称；系统内核中的设备管理器会自动把硬件名称规范起来，目的是让用户可以通过设备文件的名称知道设备的属性以及分区信息等。系统为每个磁盘设备分配的设备文件名见表 5-1。

表 5-1　磁盘设备

设备	设备文件名
IDE 硬盘	/dev/hdXY
SCSI/SATA/USB 硬盘、U 盘	/dev/sdXY
软盘驱动器	/dev/fd[0-1]
光盘 CD/DVD、ROM	/dev/cdrom
磁带机	/dev/st0

表 5-1 中，X 代表硬盘设备的序号，从字母 a 开始依次命名。例如，第 1 个 SCSI 硬盘设备为 sda，第 2 个 SCSI 硬盘为 sdb。Y 代表该块硬盘上的分区序号。因此，对于硬盘中的分区，在设备文件名后增加相应的数字来代表相应的分区。

硬盘设备是由大量的扇区组成的，每个扇区的容量为 512 字节。每块硬盘上最重要的是第一扇区，这个扇区中有硬盘主引导记录（master boot record，MBR）及分区表（partition table）。硬盘主引导记录存放最基本的引导加载程序，是系统开机启动的关键环节；主引导记录占 446B，分区表占 64B，结束符占用 2 个字节。

分区表中每记录一个分区信息就需要 16 字节，所以最多只能存储 4 个分区。这 4 个分区可以是主分区或扩展分区；扩展分区最多只能有一个，它可以进一步分为更多分区，这些分区称为逻辑分区。扩展分区只是逻辑上的概念，本身不能被访问，也就是说，扩展分区不能被格式化后作为数据访问分区，能够作为数据访问分区的只有主分区和逻辑分区。扩展分区是一

个占用 16 字节分区表空间的指针：一个指向另外一个分区的指针。

Linux 把分区当成文件，分区文件的命名方式为磁盘文件名＋编号，如/dev/sda1。主分区或扩展分区的序号为 1～4，如第 1 个 SCSI 硬盘的第 1 个主分区为 sda1，第 2 个主分区为 sda2。逻辑分区的序号从 5 开始，如/dev/sda 的第一个逻辑分区为/dev/sda5，即便磁盘上不存在主分区，只有一个扩展分区(/dev/sda1)也是如此。

2. 使用 fdisk 命令对磁盘进行分区

分区是将一个硬盘驱动器分成若干个逻辑驱动器，把硬盘连续的区块当作一个独立的磁盘使用。分区表是一个硬盘分区的索引，分区的信息都会写进分区表。

fdisk 命令能将磁盘划分为若干个分区，同时也能为每个分区指定分区的文件系统。用 fdisk 命令对磁盘进行分区操作后，还需要将分区格式化成所需的文件系统，并进行挂载等操作，这样分区才能使用。

fdisk 命令的功能及格式如下。

(1) 功能：新建、修改或删除磁盘的分区表信息。

(2) 格式：fdisk［磁盘名称］。

表 5-2　fdisk 命令的选项及其功能

选项	功能
m	显示命令列表
p	打印分区表信息
l	列出已知的分区类型
n	添加一个新分区
p	硬盘为主分区
t	改变硬盘分区属性
d	删除一个分区
q	退出而不保存修改
w	将分区表写入磁盘并退出

3. 创建文件系统

操作系统通过文件系统管理文件及数据，创建文件系统的过程称为格式化。Linux 操作系统支持很多不同的文件系统，如 ext2、ext3、XFS 等，而 Linux 系统把对不同文件系统的访问交给了 VFS(虚拟文件系统)，VFS 能访问和管理各种不同的文件系统。所以有了分区之后，就需要把它格式化成具体的文件系统以便 VFS 访问。

mkfs 命令的功能及格式如下。

(1) 功能：用于在特定的分区建立 Linux 文件系统。

(2) 格式：mkfs［选项］［参数］。

5.1.3　磁盘的挂载与卸载和磁盘管理命令

1. 磁盘的挂载与卸载

一个分区被格式化为一个文件系统之后，就可以被 Linux 操作系统使用了，只是这个时候 Linux 操作系统还找不到它，所以还需要把这个文件系统注册进 Linux 操作系统的文件体系里,这个操作称为挂载(mount)。

挂载是利用一个目录作为进入点,将文件系统放置在该目录下,也就是说,进入该目录后就可以读取该文件系统的内容,类似于整个文件系统只是目录树的一个目录。

挂载点是 Linux 中磁盘文件系统的入口目录。由于整个 Linux 系统最重要的是根目录,因此根目录一定要挂载到某个分区,而其他的目录则可依据用户自己的需求挂载到不同的分区。

硬盘设备/dev/sdb 经过分区操作和格式化操作后,每个分区都成为一个文件系统,挂载这个文件系统可以让 Linux 操作系统通过 VFS 访问硬盘和访问一个普通文件夹一样简单。

挂载的步骤:首先创建一个用于挂载设备的挂载点;然后使用 mount 命令将存储设备与挂载点进行关联;最后使用 df -h 命令来查看挂载状态和硬盘使用量信息。

挂载文件系统是为了使用硬件资源,而卸载文件系统意味着不再使用硬件资源。卸载操作将取消关联的设备或挂载目录。

2. 磁盘管理命令

1) mount 命令

功能:挂载文件系统。

格式:mount[设备名][挂载点]。

2) umount 命令

功能:撤销已经挂载的设备文件。

格式:umount[挂载点|设备文件]。

3) df 命令

功能:查看磁盘分区和文件系统信息。

格式:df[选项][文件]。

4) du 命令

功能:查看目录或文件所占用的磁盘空间大小。

格式:du[选项][文件]。

5.1.4 逻辑卷

逻辑卷管理器(logical volume manager,LVM)是 Linux 系统用于对硬盘分区进行管理的一种机制,能够解决硬盘设备在创建分区后不易修改分区大小的问题。LVM 是建立在硬盘和分区之上的一个逻辑层,可提高磁盘分区管理的灵活性。LVM 最大的特点就是可以对磁盘进行动态管理。

物理卷(physical volume,PV):处于 LVM 的最底层,指磁盘、磁盘分区或 RAID 磁盘阵列,是存放数据的设备。

卷组(volume group,VG):建立在物理卷之上,由一个或多个物理卷组成。一个 LVM 系统中可以只有一个卷组,也可以包含多个卷组。

逻辑卷(logical volume,LV):是用卷组中空闲的资源建立的,并且建立后可以动态地扩展或缩小空间,是用户最终使用的逻辑设备。

物理扩展块(physical extent,PE):具有唯一编号,是能被 LVM 寻址的最小单元。PE 的大小可以指定,默认为 4 MB。

表 5-3　常用的 LVM 部署命令

功能	物理卷管理命令	卷组管理命令	逻辑卷管理命令
扫描	pvscan	vgscan	lvscan
建立	pvcreate	vgcreate	lvcreate
显示	pvdisplay	vgdisplay	lvdisplay
删除	pvremove	vgremove	lvremove
扩展		vgextend	lvextend
缩小		vgreduce	lvreduce

　　LVM 创建逻辑卷的具体流程：首先添加两块新硬盘设备，接着对这两块新硬盘进行创建物理卷的操作，然后将这两块硬盘进行卷组合并，接下来根据需求把合并后的卷组切割出一个逻辑卷设备，最后把这个逻辑卷设备格式化成文件系统后挂载使用。

5.2　实训练习

5.2.1　磁盘的分区

　　为了避免分区实验造成原有磁盘数据丢失，通过虚拟机软件创建一块硬盘存储设备。

　　（1）步骤一：添加硬盘。

　　打开虚拟机，在虚拟机管理主界面，单击"虚拟机设置"选项，在弹出的界面中单击"添加"按钮，如图 5-1 所示。

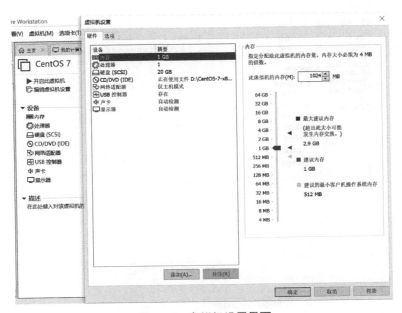

图 5-1　虚拟机设置界面

在弹出的"添加硬件向导"对话框中,硬件类型选择"硬盘",单击"下一步"按钮,如图5-2所示。

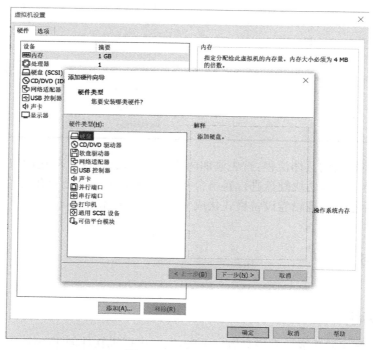

图5-2　添加硬件类型

选择虚拟硬盘的类型为 SCSI(默认推荐),单击"下一步"按钮,如图5-3所示。

图5-3　硬盘设备类型

　　选择"创建新虚拟磁盘"按钮,单击"下一步"按钮,设置新虚拟磁盘的大小,"最大磁盘大小"选择默认的 20GB,如图 5-4 所示。

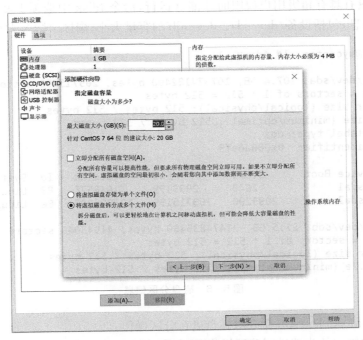

5-4　设置硬盘的使用空间

　　设置磁盘文件的文件名和保存位置,采用默认设置即可。将新硬盘添加好后可以看到设备信息,如图 5-5 所示。

图 5-5　查看虚拟机硬件设备信息界面

（2）步骤二：使用 fdisk 命令对磁盘进行分区操作。

在虚拟机中模拟添加的硬盘设备名称为/dev/sdb，通过 fdisk 命令可以对磁盘设备进行管理。fdisk 命令只有具有超级用户权限时才能够运行，命令 fdisk 中选项-l 表示列出所有磁盘设备的分区表信息，包括设备/dev/sda、/dev/sdb 的容量大小、扇区个数及大小等信息。

```
[root@mycentos ~]# fdisk -l

Disk /dev/sda: 107.4 GB, 107374182400 bytes, 209715200 sectors
Units = sectors of 1 * 512 = 512 bytes
Sector size (logical/physical): 512 bytes / 512 bytes
I/O size (minimum/optimal): 512 bytes / 512 bytes
Disk label type: dos
Disk identifier: 0x000a6ef9

   Device Boot      Start         End      Blocks   Id  System
/dev/sda1   *        2048     2099199     1048576   83  Linux
/dev/sda2         2099200   209715199   103808000   8e  Linux LVM

Disk /dev/sdb: 21.5 GB, 21474836480 bytes, 41943040 sectors
Units = sectors of 1 * 512 = 512 bytes
Sector size (logical/physical): 512 bytes / 512 bytes
I/O size (minimum/optimal): 512 bytes / 512 bytes
```

图 5-6　磁盘分区信息

接下来使用 fdisk/dev/sdb 命令对磁盘进行分区操作。

按图 5-7 中提示的步骤进行分区操作，可打印当前的分区表（见图 5-8）。fdisk 命令中选项 p 表示显示分区信息。

```
[root@mycentos ~]# fdisk /dev/sdb
Welcome to fdisk (util-linux 2.23.2).

Changes will remain in memory only, until you decide to write them.
Be careful before using the write command.

Device does not contain a recognized partition table
Building a new DOS disklabel with disk identifier 0x121cb59e.

Command (m for help):
```

图 5-7　对/dev/sdb 磁盘进行分区操作

```
Command (m for help): p

Disk /dev/sdb: 21.5 GB, 21474836480 bytes, 41943040 sectors
Units = sectors of 1 * 512 = 512 bytes
Sector size (logical/physical): 512 bytes / 512 bytes
I/O size (minimum/optimal): 512 bytes / 512 bytes
Disk label type: dos
Disk identifier: 0x121cb59e

   Device Boot      Start         End      Blocks   Id  System

Command (m for help):
```

图 5-8　打印当前的分区表

建立一个 5G 的主分区,查看分区表(见图 5 - 9)。fdisk 命令中选项 n 表示创建新的分区,图 5 - 9 中 primary 表示主分区,extended 表示扩展分区。输入 p 表示创建主分区,输入 e 表示创建扩展分区。这里输入 p 创建主分区,注意括号中的分区号"1—4"表示最多只能建 4 个主分区(包括扩展分区)。输入 1 表示主分区编号为 1,输入＋5G 表示分区空间大小设置为 5G(容量单位用大写字母 M/G/K 表示)。创建主分区后,输入 p 查看设备/dev/sdb1 的分区信息。

```
Command (m for help): n
Partition type:
   p   primary (0 primary, 0 extended, 4 free)
   e   extended
Select (default p):
Using default response p
Partition number (1-4, default 1):
First sector (2048-41943039, default 2048):
Using default value 2048
Last sector, +sectors or +size{K,M,G} (2048-41943039, default 41943039): +5G
Partition 1 of type Linux and of size 5 GiB is set

Command (m for help): p

Disk /dev/sdb: 21.5 GB, 21474836480 bytes, 41943040 sectors
Units = sectors of 1 * 512 = 512 bytes
Sector size (logical/physical): 512 bytes / 512 bytes
I/O size (minimum/optimal): 512 bytes / 512 bytes
Disk label type: dos
Disk identifier: 0xeed20810

   Device Boot      Start         End      Blocks   Id  System
/dev/sdb1            2048    10487807     5242880   83  Linux

Command (m for help):
```

图 5 - 9　建立一个 5G 的主分区

创建一个扩展分区,查看分区表(见图 5 - 10)。在创建分别是 5G 和 2G 的主分区后,接着再创建一个 2G 的扩展分区,在"Command"处输入 n 创建新的分区,输入 e 创建扩展分区,输入 4 表示创建编号为 4 的分区,输入＋2G 表示分区的空间大小设置为 2G。扩展分区建立成功后,输入 p 查看分区表信息,可以看到设备/dev/sdb1、/dev/sdb2、/dev/sdb4 的信息。

创建逻辑分区(见图 5 - 11)。扩展分区建立成功后,就可以建立逻辑分区了,在"Command"处接着输入 n 创建新的分区,输入 l 表示创建逻辑分区,输入 5 表示创建编号为 5 的逻辑分区,输入＋1G 表示分区的空间大小设置为 1G。逻辑分区创建成功后,输入 p 查看分区表信息,可以看到设备/dev/sdb1、/dev/sdb2、/dev/sdb4、/dev/sdb5 的信息。

把分区表信息写入磁盘(见图 5 - 12)。分区创建完成后,在"Command"处输入 w 表示将分区表写入磁盘并保存退出。

磁盘分区之后需要使用 parprobe 命令让内核更新分区信息,连续执行该命令两次,否则需要重启才能识别新的分区。可通过文件/proc/partitions 查看设备的分区信息,命令为 cat/proc/partitions(见图 5 - 13),或者使用 lsblk 命令查看(见图 5 - 14)。

```
Command (m for help): n
Partition type:
   p   primary (1 primary, 0 extended, 3 free)
   e   extended
Select (default p): e
Partition number (2-4, default 2):
First sector (10487808-41943039, default 10487808):
Using default value 10487808
Last sector, +sectors or +size{K,M,G} (10487808-41943039, default 41943039): +2G
Partition 2 of type Extended and of size 2 GiB is set

Command (m for help): p

Disk /dev/sdb: 21.5 GB, 21474836480 bytes, 41943040 sectors
Units = sectors of 1 * 512 = 512 bytes
Sector size (logical/physical): 512 bytes / 512 bytes
I/O size (minimum/optimal): 512 bytes / 512 bytes
Disk label type: dos
Disk identifier: 0xeed20810

   Device Boot      Start         End      Blocks   Id  System
/dev/sdb1            2048    10487807     5242880   83  Linux
/dev/sdb2        10487808    14682111     2097152    5  Extended

Command (m for help):
```

图 5-10   建立一个 2G 的扩展分区

```
Command (m for help): n
Partition type:
   p   primary (1 primary, 1 extended, 2 free)
   l   logical (numbered from 5)
Select (default p): l
Adding logical partition 5
First sector (10489856-14682111, default 10489856):
Using default value 10489856
Last sector, +sectors or +size{K,M,G} (10489856-14682111, default 14682111): +1G
Partition 5 of type Linux and of size 1 GiB is set

Command (m for help): p

Disk /dev/sdb: 21.5 GB, 21474836480 bytes, 41943040 sectors
Units = sectors of 1 * 512 = 512 bytes
Sector size (logical/physical): 512 bytes / 512 bytes
I/O size (minimum/optimal): 512 bytes / 512 bytes
Disk label type: dos
Disk identifier: 0xeed20810

   Device Boot      Start         End      Blocks   Id  System
/dev/sdb1            2048    10487807     5242880   83  Linux
/dev/sdb2        10487808    14682111     2097152    5  Extended
/dev/sdb5        10489856    12587007     1048576   83  Linux

Command (m for help):
```

图 5-11   创建 1G 的逻辑分区

```
Command (m for help): w
The partition table has been altered!

Calling ioctl() to re-read partition table.
Syncing disks.
[root@mycentos ~]#
```

图 5-12　保存创建的分区

```
[root@localhost /]# cat /proc/partitions
major minor  #blocks  name

   8      0   20971520 sda
   8      1    1048576 sda1
   8      2   19921920 sda2
   8     16   20971520 sdb
   8     17    5242880 sdb1
   8     20          1 sdb4
   8     21    1048576 sdb5
  11      0    4481024 sr0
 253      0   17821696 dm-0
 253      1    2097152 dm-1
```

图 5-13　查看分区信息

```
[root@mycentos ~]# lsiblk
-bash: lsiblk: command not found
[root@mycentos ~]# lsblk
NAME            MAJ:MIN RM  SIZE RO TYPE MOUNTPOINT
sda               8:0    0  100G  0 disk
├─sda1            8:1    0    1G  0 part /boot
└─sda2            8:2    0   99G  0 part
  ├─centos-root 253:0    0   50G  0 lvm  /
  ├─centos-swap 253:1    0  3.9G  0 lvm  [SWAP]
  └─centos-home 253:2    0 45.1G  0 lvm  /home
sdb               8:16   0   20G  0 disk
├─sdb1            8:17   0    5G  0 part
├─sdb2            8:18   0    1K  0 part
└─sdb5            8:21   0    1G  0 part
sr0              11:0    1  4.3G  0 rom
loop0             7:0    0  4.3G  0 loop /mnt/Centos7-dvd
```

图 5-14　查看分区信息

5.2.2　格式化分区

（1）查看设备/dev/sdb 的分区结果（见图 5-15）。

```
[root@mycentos ~]# ls /dev/sdb*
/dev/sdb /dev/sdb1 /dev/sdb2 /dev/sdb5
[root@mycentos ~]# ls -l /dev/sdb*
brw-rw----. 1 root disk 8, 16 Nov 13 21:21 /dev/sdb
brw-rw----. 1 root disk 8, 17 Nov 13 21:21 /dev/sdb1
brw-rw----. 1 root disk 8, 18 Nov 13 21:21 /dev/sdb2
brw-rw----. 1 root disk 8, 21 Nov 13 21:21 /dev/sdb5
```

图 5-15　查看分区结果

(2) 创建文件系统(见图 5 - 16)。若磁盘要存储数据,需要对设备/dev/sdb 中的分区设置文件系统并进行格式化,其中 sdb1 是第一块分区,将分区为 XFS 的文件系统格式化,命令为 mkfs.xfs/dev/sdb1。mkfs 命令的选项:-t 用于指定要创建的文件系统类型;-f 表示强制格式化;-b 用于指定 block 大小(1 K、2 K 或 4 K),默认 block 大小为 4 K。完成了存储设备的分区和格式化操作,接下来就可以挂载并使用存储设备了。

```
[root@mycentos ~]# mkfs.xfs /dev/sdb1
meta-data=/dev/sdb1              isize=512    agcount=4, agsize=327680 blks
         =                       sectsz=512   attr=2, projid32bit=1
         =                       crc=1        finobt=0, sparse=0
data     =                       bsize=4096   blocks=1310720, imaxpct=25
         =                       sunit=0      swidth=0 blks
naming   =version 2             bsize=4096   ascii-ci=0 ftype=1
log      =internal log          bsize=4096   blocks=2560, version=2
         =                       sectsz=512   sunit=0 blks, lazy-count=1
realtime =none                   extsz=4096   blocks=0, rtextents=0
```

图 5 - 16　创建文件系统

5.2.3　挂载和卸载

(1) 在根目录下建立挂载目录 data,将设备/dev/sdb1 挂载到/data 目录(见图 5 - 17)。

```
[root@mycentos /]# mkdir data
[root@mycentos /]# mount /dev/sdb1 /data
[root@mycentos /]# df -Th
Filesystem              Type      Size  Used Avail Use% Mounted on
/dev/mapper/centos-root xfs        50G  5.5G   45G  11% /
devtmpfs                devtmpfs  1.9G     0  1.9G   0% /dev
tmpfs                   tmpfs     1.9G     0  1.9G   0% /dev/shm
tmpfs                   tmpfs     1.9G   12M  1.9G   1% /run
tmpfs                   tmpfs     1.9G     0  1.9G   0% /sys/fs/cgroup
/dev/loop0              iso9660   4.3G  4.3G     0 100% /mnt/Centos7-dvd
/dev/sda1              xfs      1014M  146M  869M  15% /boot
/dev/mapper/centos-home xfs        46G   33M   46G   1% /home
tmpfs                   tmpfs     378M     0  378M   0% /run/user/0
/dev/sdb1              xfs       5.0G   33M  5.0G   1% /data
```

图 5 - 17　临时挂载

mount 命令的选项:-t 用于指定要挂载的设备的文件系统类型;-r 表示只读挂载;-w 表示读写挂载;-a 表示自动挂载所有支持自动挂载的设备。用 mount 命令挂载的设备文件会在系统下一次重启时失效,需要把挂载信息写入配置文件中,这样这个设备文件的挂载才能永久有效。

通过 df 命令可以查看设备/dev/sdb1 的类型、容量、挂载点等信息。其中 df 命令的选项-a 表示显示全部文件系统的列表;-h 表示以方便阅读的方式显示;-l 表示只显示本地文件系统;-T 表示文件系统类型;-t 表示只显示选定文件系统的磁盘信息。

(2) 编辑/etc/fstab 文件,实现永久挂载(见图 5 - 18)。

```
[root@mycentos /]# vim /etc/fstab

#
# /etc/fstab
# Created by anaconda on Fri Oct 21 08:40:51 2022
#
# Accessible filesystems, by reference, are maintained under '/dev/disk'
# See man pages fstab(5), findfs(8), mount(8) and/or blkid(8) for more info
#
/dev/mapper/centos-root /                         xfs     defaults        0 0
UUID=39ad6b39-f500-4a45-9386-6804d2871142 /boot            xfs     defaults        0 0
/dev/mapper/centos-home /home                     xfs     defaults        0 0
/dev/mapper/centos-swap swap                      swap    defaults        0 0
/root/iso/CentOS-7-x86_64-DVD-1810.iso /mnt/Centos7-dvd/   iso9660   defaults        0 0
/dev/sdb1       /data                             xfs     default         0   0
```

图 5-18　永久挂载

编辑/etc/fstab 文件,在文件最后添加一行信息,具体如下。

```
/dev/sdb1  /data  xfs  default  0  0
```

(3) 查看挂载状态和硬盘使用量信息(见图 5-19)。

```
[root@mycentos /]# df -h
Filesystem              Size  Used Avail Use% Mounted on
/dev/mapper/centos-root  50G  5.5G   45G  11% /
devtmpfs                1.9G     0  1.9G   0% /dev
tmpfs                   1.9G     0  1.9G   0% /dev/shm
tmpfs                   1.9G   12M  1.9G   1% /run
tmpfs                   1.9G     0  1.9G   0% /sys/fs/cgroup
/dev/loop0              4.3G  4.3G     0 100% /mnt/Centos7-dvd
/dev/sda1              1014M  146M  869M  15% /boot
/dev/mapper/centos-home  46G   33M   46G   1% /home
tmpfs                   378M     0  378M   0% /run/user/0
/dev/sdb1               5.0G   33M  5.0G   1% /data
```

图 5-19　查看挂载状态和硬盘使用量信息

(4) 卸载设备文件并查看硬盘使用情况(见图 5-20)。

```
[root@mycentos /]# umount /dev/sdb1
[root@mycentos /]# df -h
Filesystem              Size  Used Avail Use% Mounted on
/dev/mapper/centos-root  50G  5.5G   45G  11% /
devtmpfs                1.9G     0  1.9G   0% /dev
tmpfs                   1.9G     0  1.9G   0% /dev/shm
tmpfs                   1.9G   12M  1.9G   1% /run
tmpfs                   1.9G     0  1.9G   0% /sys/fs/cgroup
/dev/loop0              4.3G  4.3G     0 100% /mnt/Centos7-dvd
/dev/sda1              1014M  146M  869M  15% /boot
/dev/mapper/centos-home  46G   33M   46G   1% /home
tmpfs                   378M     0  378M   0% /run/user/0
```

图 5-20　卸载挂载好的硬盘

通过 umount 命令可以将存储设备/dev/sdb1 与挂载点取消关联,即卸载设备,用 df 命令查看卸载结果,会发现已看不到设备/dev/sdb1 的信息。但因为做了永久挂载,重启系统后设备/dev/sdb1 还是会自动挂载。如果要永久卸载,需要删除/etc/fstab 文件中前面写入的信息。

(5) 查看目录/etc 下文件总共占用的容量的信息(见图 5-21)。

```
[root@mycentos /]# du -sh /etc
31M     /etc
[root@mycentos /]#
```

图 5-21　查看目录/etc 下文件总共占用的容量的信息

du 命令的选项:-a 表示显示目录中个别文件的大小;-b 表示显示目录或文件大小时,以字节为单位;-h 表示以 K/M/G 为单位,提高信息的可读性;-k 表示以 1 024B 为单位;-s 表示显示总计大小。

5.2.4　创建 LVM 逻辑卷

(1) 新添加一块硬盘,并通过 fdisk 命令进行分区,让新添加的硬盘设备支持 LVM,LVM 的分区类型为 8e。

使用命令 fdisk 命令对新添加的两块硬盘进行分区操作,具体操作过程同上,在分区结束后,修改分区类型为 8e,这里只给出修改分区类型的操作(见图 5-22)。

```
Command (m for help): t
Selected partition 1
Hex code (type L to list all codes): 8e
Changed type of partition 'Linux' to 'Linux LVM'
```

图 5-22　修改分区类型为 8e

使用命令 fdisk -l 列出分区表信息,查看设备/dev/sdb1、/dev/sdc1 的信息。

```
   Device Boot      Start        End      Blocks   Id  System
/dev/sdb1             2048   41943039    20970496   8e  Linux LVM

Disk /dev/sdc: 21.5 GB, 21474836480 bytes, 41943040 sectors
Units = sectors of 1 * 512 = 512 bytes
Sector size (logical/physical): 512 bytes / 512 bytes
I/O size (minimum/optimal): 512 bytes / 512 bytes
Disk label type: dos
Disk identifier: 0xc56bacad
```

图 5-23　/dev/sdb1 和/dev/sdc1 分区之后的信息

(2) 创建物理卷并查看(见图 5-24)。创建物理卷的命令是 pvcreate,利用该命令将希望添加到卷组的所有分区或者磁盘创建为物理卷。可以将单个分区创建为物理卷,也可以同时生成多个物理卷。创建完成后用 pvs 命令查看。

使用命令 pvdisplay 查看物理卷详细信息(见图 5-25)。

```
[root@mycentos ~]# pvcreate /dev/sdb1
WARNING: xfs signature detected on /dev/sdb1 at offset 0. Wipe it? [y/n]: y
  Wiping xfs signature on /dev/sdb1.
  Physical volume "/dev/sdb1" successfully created.
[root@mycentos ~]# pvs
  PV         VG      Fmt  Attr PSize    PFree
  /dev/sda2  centos  lvm2 a--  <99.00g    4.00m
  /dev/sdb1          lvm2 ---  <20.00g  <20.00g
[root@mycentos ~]#
```

图 5-24　创建物理卷并查看

```
[root@mycentos ~]# pvdisplay
  --- Physical volume ---
  PV Name               /dev/sda2
  VG Name               centos
  PV Size               <99.00 GiB / not usable 3.00 MiB
  Allocatable           yes
  PE Size               4.00 MiB
  Total PE              25343
  Free PE               1
  Allocated PE          25342
  PV UUID               IdURia-RvpO-yQCa-bhr3-SPBn-afLT-kXBWMz

  "/dev/sdb1" is a new physical volume of "<20.00 GiB"
  --- NEW Physical volume ---
  PV Name               /dev/sdb1
  VG Name
  PV Size               <20.00 GiB
  Allocatable           NO
  PE Size               0
  Total PE              0
  Free PE               0
  Allocated PE          0
  PV UUID               u9HNqT-cueS-Hsa7-kgpo-gGLv-muvN-OPd1Cc
```

图 5-25　查看物理卷详细信息

　　(3) 创建卷组并将物理卷加入卷组。创建卷组的命令为 vgcreate,将物理卷创建为一个完整的卷组,vgcreate 命令的第一个参数表示指定该卷组的逻辑名为 lvm_1,后面的参数表示指定添加到该卷组的所有分区和磁盘,创建完成后使用命令 vgs 显示创建的卷组(见图 5-26)。

```
[root@mycentos ~]# vgcreate lvm_1 /dev/sdb1
  Volume group "lvm_1" successfully created
[root@mycentos ~]# vgs
  VG      #PV #LV #SN Attr   VSize    VFree
  centos    1   3   0 wz--n- <99.00g    4.00m
  lvm_1     1   0   0 wz--n- <20.00g  <20.00g
[root@mycentos ~]#
```

图 5-26　创建卷组并查看信息

（4）创建一个约为 2GB 的逻辑卷设备并查看信息（见图 5－27）。创建逻辑卷命令的格式为 lvcreate -L 容量大小-n 逻辑卷名 卷组名。其中逻辑卷名是 test，卷组名是 lvm_1，创建完成后可以用 lvs 命令查看。

```
[root@mycentos ~]# lvcreate -L 2G -n test lvm_1
  Logical volume "test" created.
[root@mycentos ~]# lvs
  LV   VG     Attr       LSize    Pool Origin Data%  Meta%  Move Log Cpy%Sync Convert
  home centos -wi-ao---- <45.12g
  root centos -wi-ao----  50.00g
  swap centos -wi-ao---- <3.88g
  test lvm_1  -wi-a-----  2.00g
[root@mycentos ~]#
```

图 5－27　创建逻辑卷并查看信息

对逻辑卷进行切割时有两种计量单位，参数为-L 时是以容量为单位，参数为-l 时是以物理扩展块的个数为单位，每个物理扩展块的大小默认为 4 MB。

Linux 系统会把 LVM 中的逻辑卷设备存放在/dev 设备目录中，同时会以卷组的名称来建立一个目录，其中保存了逻辑卷的设备映射文件/dev/lvm_1/test，可以在/dev 设备目录下查看到创建好的逻辑卷 test（见图 5－28）。

```
[root@mycentos ~]# ls -l /dev/lvm_1/test
lrwxrwxrwx. 1 root root 7 Nov 15 15:56 /dev/lvm_1/test -> ../dm-3
[root@mycentos ~]#
```

图 5－28　设备目录下的逻辑卷信息

（5）将生成的逻辑卷进行格式化（见图 5－29），挂载后使用。

```
[root@mycentos ~]# mkfs.xfs /dev/lvm_1/test
meta-data=/dev/lvm_1/test          isize=512    agcount=4, agsize=131072 blks
         =                         sectsz=512   attr=2, projid32bit=1
         =                         crc=1        finobt=0, sparse=0
data     =                         bsize=4096   blocks=524288, imaxpct=25
         =                         sunit=0      swidth=0 blks
naming   =version 2                bsize=4096   ascii-ci=0 ftype=1
log      =internal log             bsize=4096   blocks=2560, version=2
         =                         sectsz=512   sunit=0 blks, lazy-count=1
realtime =none                     extsz=4096   blocks=0, rtextents=0
[root@mycentos ~]#
```

图 5－29　格式化逻辑卷

（6）创建永久挂载点。

在系统中创建一个用户挂载分区的目录，设置开机自动挂载分区到挂载点或者临时挂载。

（7）查看挂载状态。在图 5－30 的最后一行可以看到挂载的信息，至此逻辑卷创建完成，可以像使用物理卷一样使用逻辑卷。

```
[root@mycentos ~]# mkdir /lvm_c_test
[root@mycentos ~]# mount /dev/lvm_1/test /lvm_c_test/
[root@mycentos ~]# df -h
Filesystem               Size  Used Avail Use% Mounted on
/dev/mapper/centos-root   50G  5.5G   45G  11% /
devtmpfs                 1.9G     0  1.9G   0% /dev
tmpfs                    1.9G     0  1.9G   0% /dev/shm
tmpfs                    1.9G   12M  1.9G   1% /run
tmpfs                    1.9G     0  1.9G   0% /sys/fs/cgroup
/dev/loop0               4.3G  4.3G     0 100% /mnt/Centos7-dvd
/dev/sda1               1014M  146M  869M  15% /boot
/dev/mapper/centos-home   46G   33M   46G   1% /home
tmpfs                    378M     0  378M   0% /run/user/0
/dev/mapper/lvm_1-test   2.0G   33M  2.0G   2% /lvm_c_test
```

图 5 - 30　挂载逻辑卷

5.2.5　扩容与缩容逻辑卷

在 5.2.4 节中,卷组是由一块硬盘设备组成的。只要卷组中有足够的资源,就可以为逻辑卷扩展。扩展前一定要取消设备和挂载点的关联,注意这里只是卸载挂载点,扩展逻辑卷时逻辑卷中的信息不会丢失。

第 1 步:取消与挂载点的关联(见图 5 - 31)。

```
[root@mycentos ~]# umount /lvm_c_test/
[root@mycentos ~]#
```

图 5 - 31　卸载挂载点

第 2 步:把逻辑卷 test 扩展至 5GB。使用 vgdisplay 命令查看剩余空间,在图 5 - 32 的倒数第二行,可以看到剩余的空间。

```
[root@mycentos ~]# vgdisplay
  --- Volume group ---
  VG Name               lvm_1
  System ID
  Format                lvm2
  Metadata Areas        1
  Metadata Sequence No  6
  VG Access             read/write
  VG Status             resizable
  MAX LV                0
  Cur LV                1
  Open LV               0
  Max PV                0
  Cur PV                1
  Act PV                1
  VG Size               <20.00 GiB
  PE Size               4.00 MiB
  Total PE              5119
  Alloc PE / Size       512 / 2.00 GiB
  Free  PE / Size       4607 / <18.00 GiB
  VG UUID               zlF4Cq-cz28-j46l-gDPS-YRGV-9Si7-oeryHC
```

图 5 - 32　查看卷组剩余空间

使用 lvextend 命令扩容逻辑卷(见图 5 - 33)。

```
[root@mycentos ~]# lvextend /dev/lvm_1/test -L +3G
  Size of logical volume lvm_1/test changed from 2.00 GiB (512 extents) to 5.00 GiB (1280 extents).
  Logical volume lvm_1/test successfully resized.
[root@mycentos ~]# lvs
  LV   VG     Attr       LSize    Pool Origin Data%  Meta%  Move Log Cpy%Sync Convert
  home centos -wi-ao---- <45.12g
  root centos -wi-ao----  50.00g
  swap centos -wi-ao----  <3.88g
  test lvm_1  -wi-a-----   5.00g
[root@mycentos ~]#
```

图 5 - 33 扩容逻辑卷

使用命令 lvdisplay 可以查看当前系统中存在的逻辑卷(见图 5 - 34)。

```
[root@mycentos ~]# lvdisplay
  --- Logical volume ---
  LV Path                /dev/lvm_1/test
  LV Name                test
  VG Name                lvm_1
  LV UUID                Unbz4z-LyH4-16sA-Qe5S-eOl1-SWRr-Aps2em
  LV Write Access        read/write
  LV Creation host, time mycentos, 2022-11-15 15:56:40 +0800
  LV Status              available
  # open                 0
  LV Size                5.00 GiB
  Current LE             1280
  Segments               1
  Allocation             inherit
  Read ahead sectors     auto
  - currently set to     8192
  Block device           253:2
```

图 5 - 34 扩容后的逻辑卷

第 3 步:重新挂载硬盘设备并查看挂载状态(见图 5 - 35)。重新挂载后的容量并不会有变化,需要使用 resize2fs 命令或者 xfs_growfs 命令来同步文件系统。

```
[root@mycentos ~]# mount /dev/lvm_1/test /lvm_c_test/
[root@mycentos ~]# xfs_growfs /dev/lvm_1/test
meta-data=/dev/mapper/lvm_1-test isize=512    agcount=4, agsize=131072 blks
         =                       sectsz=512   attr=2, projid32bit=1
         =                       crc=1        finobt=0 spinodes=0
data     =                       bsize=4096   blocks=524288, imaxpct=25
         =                       sunit=0      swidth=0 blks
naming   =version 2              bsize=4096   ascii-ci=0 ftype=1
log      =internal               bsize=4096   blocks=2560, version=2
         =                       sectsz=512   sunit=0 blks, lazy-count=1
realtime =none                   extsz=4096   blocks=0, rtextents=0
data blocks changed from 524288 to 1310720
```

图 5 - 35 重新挂载逻辑卷

缩容 LVM 逻辑卷,会涉及数据安全问题,应谨慎使用。在执行缩容操作前先卸载文件系

统,再使用命令 lvreduce 即可实现对逻辑卷的缩容,接着重新挂载文件系统并查看系统状态
(见图 5-36)。

```
[root@mycentos ~]# lvreduce -L 1G /dev/lvm_1/test
  WARNING: Reducing active and open logical volume to 1.00 GiB.
  THIS MAY DESTROY YOUR DATA (filesystem etc.)
Do you really want to reduce lvm_1/test? [y/n]: y
  Size of logical volume lvm_1/test changed from 5.00 GiB (1280 extents) to 1.00 GiB (256 extents).
  Logical volume lvm_1/test successfully resized.
[root@mycentos ~]# lvs
  LV    VG      Attr        LSize    Pool Origin Data%  Meta%  Move Log Cpy%Sync Convert
  home  centos  -wi-ao----  <45.12g
  root  centos  -wi-ao----   50.00g
  swap  centos  -wi-ao----  <3.88g
  test  lvm_1   -wi-ao----   1.00g
[root@mycentos ~]#
```

图 5-36 缩容逻辑卷

5.2.6 删除逻辑卷

当重新部署 LVM 或者不再使用 LVM 时,需要执行 LVM 的删除操作。为此,需要提前
备份好重要的数据信息,然后依次删除逻辑卷、卷组、物理卷设备,这个顺序不可颠倒。

第 1 步:取消逻辑卷与目录的挂载关联,删除配置文件中永久生效的设备参数。

第 2 步:删除逻辑卷设备(见图 5-37)。

```
[root@mycentos ~]# lvremove /dev/lvm_1/test
Do you really want to remove active logical volume lvm_1/test? [y/n]: y
  Logical volume "test" successfully removed
[root@mycentos ~]#
```

图 5-37 删除逻辑卷

第 3 步:删除卷组(见图 5-38)。

```
[root@mycentos ~]# vgremove  lvm_1
  Volume group "lvm_1" successfully removed
[root@mycentos ~]#
```

图 5-38 删除卷组

第 4 步:删除物理卷设备(见图 5-39)。

```
[root@mycentos ~]# pvremove /dev/sdb1
  Labels on physical volume "/dev/sdb1" successfully wiped.
[root@mycentos ~]#
```

图 5-39 删除物理卷

拓展实训

1. 利用 VMware 软件虚拟一块硬盘。

2. 将设备/dev/sdb 做分区操作,建立 1 个主分区,1 个逻辑分区。

3. 将主分区/dev/sdb1 格式化成 XFS 格式。

4. 将逻辑分区/dev/sdb5 格式化成 ext4 格式。

5. 创建挂载点空目录/part1、/part2。

6. 将设备/dev/sdb1 挂载到目录/part1。

7. 将设备/dev/sdb5 挂载到目录/part2。

8. 在第一个主分区中创建一个文件 file1,内容为"this is partition1"。在逻辑分区中创建一个文件 file2,内容为"this is partition2"。

9. 查看挂载情况。

10. 卸载/dev/sdb5 设备文件。

习题

一、选择题

1. 在 Linux 系统中磁盘分区用以下哪个命令(　　　)。

    A. fdisk　　　　　　　B. mv　　　　　　　C. mount　　　　　　　D. df

2. 统计磁盘空间或文件系统使用情况的命令是(　　　)。

    A. df　　　　　　　　B. Dd　　　　　　　C. du　　　　　　　D. fdisk

3. 可以将分区/dev/sda1 格式化为 ext4 类型的指令是(　　　)。

    A. fdisk -t ext4/dev/sda1

    B. mkfs -t ext4/dev/sda1

    C. fdisk -j/dev/sda1

    D. mkswap/dev/sad1

4. 查看当前硬盘分区的使用情况,使用的命令是(　　　)。

    A. df -h　　　　　　　B. su -I　　　　　　　C. du -I　　　　　　　D. free -i

5. 卸载文件系统的命令是(　　　)。

    A. umount　　　　　　B. mount　　　　　　C. chmod　　　　　　D. mask

6. 当一个目录作为一个挂载点被使用后,该目录上的原文件(　　　)。

    A. 被永久删除　　　　　　　　　　　B. 被隐藏,待挂载设备卸载后恢复

    C. 被放入回收站　　　　　　　　　　D. 被隐藏,待计算机重新启动后恢复

7. 存放设备文件的文件目录为(　　　)。

    A. /dev　　　　　　　B. /etc　　　　　　　C. /lib　　　　　　　D. /bin

8. 在 Linux 中,用(　　　)标识接在 IDE 上的硬盘的第 2 个逻辑分区。

    A. /dev/hdb2　　　　　　　　　　　B. /dev/hd1b2

    C. /dev/hdb6　　　　　　　　　　　D. /dev/hd1b6

9. 设用户所使用的计算机系统上有两块 IDE 硬盘,Linux 系统位于第一块硬盘上,查询第二块硬盘的分区情况使用命令(　　　)。

    A. fdisk -l/dev/hda1　　　　　　　　B. fdisk -l/dev/hdb2

    C. fdisk -l/dev/hdb　　　　　　　　D. fdisk -l/dev/hda

10. 下面哪个系统目录包含 Linux 使用的外部设备(　　　)。

    A. /bin　　　　　　　B. /dev　　　　　　　C. /boot　　　　　　　D. /home

二、填空题

1. 在 Linux 系统中,以_____方式访问设备。

2. 在 Linux 所管理的某块硬盘上,逻辑分区的编号默认从_____开始。

3. 每块磁盘的第一个扇区称为主引导扇区,该扇区中主要有主引导程序和_____。

4. 每个设备文件名由主设备号和从设备号描述。第二块 IDE 硬盘的设备名为_____,它的第三个主分区对应的文件名是 hdb3。

5. Linux 使用_____命令对硬盘进行分区,使用_____命令格式化成 ext3 文件系统。

6. _____命令用于挂载文件系统,即把硬盘设备或分区与一个目录文件进行关联,然后就能在这个目录中看到硬件设备中的数据了。

7. Linux 文件系统通常由四部分组成:引导块、超级块、_____和数据区。

8. df 命令的功能是_____。

9. du 命令的功能是_____。

10. 一个磁盘最多有_____个主分区、_____个扩展分区、若干个在扩展分区下的逻辑分区。

第 6 章　CentOS 7 软件包的安装与管理

6.1　知识必备

6.1.1　认识 RPM 软件包

不同操作系统上的软件包不能通用,如不能直接把 Windows 的软件包安装在 Linux 系统上。Linux 软件包从内容上可分为源码包(sourcecode)和二进制包(binarycode),不同类别的软件包使用的管理工具也各不相同。源码包是软件的源代码,需要经过 GCC、C++等编译器环境编译之后才能运行。而二进制包无须编译,可以直接安装使用。一般情况下,可以通过文件的扩展名区别源码包和二进制包。例如,以. tar、. gz 等扩展名结尾的包称为源码包,以. rpm、. deb 等结尾的包称为二进制。而要真正区分是源码包还是二进制包,需要基于软件包里面的文件来判断。例如,包含以. c、. cpp 等结尾的源码文件的包称为源码包,而二进制包是已经编译好并且可直接使用的文件包。

在 Linux 系统中常见的二进制包有两种:一种扩展名为. deb,这种软件包主要在 Debian 及其衍生产品(如 Ubuntu、Linux Mint 等系统)上使用,apt 是最常见的包管理操作命令;另一种扩展名为. rpm,这种软件包主要在 CentOS、Fedora 及 Red Hat 系列的 Linux 上使用,并使用 yum 命令管理包文件。

RPM(Red Hat package manager,红帽软件包管理工具)格式的软件包最早在 1997 年被用在红帽操作系统上,RPM 的设计思路是提供一种可升级、具有强大查询功能、支持安全验证的通用型 Linux 软件包管理工具。现在 RPM 软件包已经被应用到很多 GNU/Linux 发行版本中,包括 Red Hat Enterprise Linux、Fedora、openSUSE、CentOS 等。我们在安装 CentOS 7 时光盘中的所有软件包和通过网络源下载的软件包都采用 RPM 格式。

RPM 包命名格式如下:name-version. rpm、name-version-noarch. rpm、name-version-arch. src. rpm。下面以 RPM 包 vim-filesystem-7. 4. 160-5. el7. x86_64. rpm 为例进行格式解释。

(1)name:软件包名称,如 vim-filesystem。

(2)version:版本号,通用格式为主版本号. 次版本号. 修正号,即示例中的 7. 4. 160;5 表示发布版本号,即该 RPM 包是第几次编译生成的。

(3)arch:适用的硬件平台,RPM 支持的平台有 i386、i586、x86_64 等。

(4). rpm:表示编译好的二进制包,可用 rpm 命令直接安装。

(5)src. rpm:源代码包,源码编译生成. rpm 格式的 RPM 包后方可使用。

6.1.2　rpm 命令

大部分 Linux 发行版本都使用 rpm 命令管理、安装、更新和卸载软件。在软件包没有依赖关系的情况下,可以使用 rpm 命令管理指定的软件包。表 6 - 1 列出了 rpm 命令常用的选项。

表 6 - 1　rpm 命令常用的选项

选项	解释
-a 或--all	查询所有已安装的软件包
-q 或--query	查询软件包是否已安装,常用组合-qa
-v 或--verbose	打印输出详细信息
-p 或--package	查询包文件,常用组合-qpi
-i 或--install	安装软件包
-i 或--info	显示软件包信息,包括名称、版本、描述
-h 或--hash	安装软件,可以打印安装进度条,常用组合-ivh
-U 或--upgrade	升级 RPM 软件包
-e 或--erase	卸载 RPM 软件包
-L 或--list	列出软件包中的文件
-R 或--requires	列出软件包依赖的其他软件包

6.1.3　yum 命令

在学习 yum 命令之前,我们先了解一下 Linux 中的软件依赖关系。比如,软件包 A 依赖软件包 B,那么在安装软件包 A 之前必须先安装软件包 B。有时候这种依赖关系会有很多层,虽然这种依赖关系有它的优势,但是对软件包的管理造成很大的麻烦。Red Hat 系列的 Linux 使用 yum 命令来解决软件依赖下的安装问题。YUM(Yellow dog Update Modified)是改进版的 RPM 软件管理器,很好地解决了 RPM 所面临的软件包依赖问题。YUM 正常运行需要两个部分:①YUM 源端;②YUM 客户端。YUM 客户端可以从很多源端中搜索软件以及它们的依赖包,并自动安装相应的依赖软件。使用 YUM 安装软件时至少需要一个 YUM 源,YUM 源就是存放有很多 RPM 软件的文件夹,用户可以使用 HTTP、FTP 或本地文件夹访问 YUM 源。YUM 源的定义文件存放在/etc/yum. repo 目录下,YUM 源的定义文件的扩展名必须是. repo,其书写格式也是固定的。表 6 - 2 给出了 YUM 源文件的基本格式解释。可以简单地将 YUM 源分为本地源和网络源。本地源,一般是依据系统安装光盘中的文件建立的 YUM 源,不需要连接网络就可以使用。网络源,一般是知名的企业或者大学所建立的 YUM 服务器,我们只需要下载对应系统版本的配置文件到/etc/yum. repo 目录下后就可以使用,在使用的时候需要连接网络。安装好 CentOS 7 之后,在/etc/yum. repos. d 目录中存在一些扩展名是. repo 的文件,它们是系统自带的网络 YUM 源,服务器指向国外,在国内使用的时候速度很慢。国内常见的 YUM 源有阿里源、网易源、清华源等。在实训部分,大家可以看到不同 YUM 源的搭建方法。

表 6-2　YUM 源文件的基本格式解释

选项	功能描述
[]	[]中填写 YUM 源唯一的 ID,可以为任意字符串,中间不要有空格
name	指定 YUM 源名称,可以为任意字符串
baseurl	指定 YUM 源的 URL 地址(可以是 HTTP、FTP 或本地路径)
mirrorlist	指定镜像站点目录
enabled	是否激活该 YUM 源(0 代表禁用,1 代表激活,默认激活)
gpgcheck	安装软件时是否检查签名(0 代表禁用,1 代表激活)
gpgkey	检查签名的密钥文件

通过 yum 命令安装软件包,是基于 yum 源文件的。下面给出 yum 命令常用的格式。

表 6-3　yum 命令常用的格式

格式	功能描述
yum install httpd	安装 httpd 软件包,httpd 是软件包的名称
yum search	YUM 搜索软件包
yum list httpd	显示 httpd 软件包安装情况
yum list	显示所有已安装及可安装的软件包。
yum remove httpd	删除软件包 httpd
yum erase httpd	删除软件包 httpd
yum update	内核升级或者软件更新
yum update httpd	更新 httpd 软件包
yum check-update	检查可更新的程序
yum info httpd	显示 httpd 安装包信息
yum provides	列出软件包提供哪些文件
yum provides ls	列出 ls 命令由哪个软件包提供
yum grouplist	查询可以用 groupinstall 安装的组名称
yum clean packages	清除缓存目录下的软件包
yum clean headers	清除缓存目录下的 headers
yum clean all	清除缓存目录下的软件包及旧的 headers
yum make cache	下载 YUM 源服务器软件包的相关信息(不是软件包),建立缓存

6.2　实训练习

6.2.1　rpm 命令的使用

net-tools-2.0-0.24.20131004git.el7.x86_64.rpm 这个软件包可以在安装镜像光盘中找到,也可以从网上下载,也可以使用其他软件包,这里主要是练习 rpm 命令的使用。

（1）查看这个软件包的版本信息（见图 6 − 1）。

```
[root@localhost~ ]# rpm -qpi net-tools-2.0-0.24.20131004git.el7.x86_
64.rpm
```

注意，这个示例中的选项-i 表示--info，用于显示软件包的信息，经常和-q 选项一起使用。

```
[root@localhost Packages]# rpm -qpi net-tools-2.0-0.24.20131004git.el7.x86_64.rpm
warning: net-tools-2.0-0.24.20131004git.el7.x86_64.rpm: Header V3 RSA/SHA256 Signature, key ID f4a80eb5: NOKEY
Name        : net-tools
Version     : 2.0
Release     : 0.24.20131004git.el7
Architecture: x86_64
Install Date: (not installed)
Group       : System Environment/Base
Size        : 939930
License     : GPLv2+
Signature   : RSA/SHA256, Mon 12 Nov 2018 10:41:01 PM CST, Key ID 24c6a8a7f4a80eb5
Source RPM  : net-tools-2.0-0.24.20131004git.el7.src.rpm
Build Date  : Wed 31 Oct 2018 12:40:50 AM CST
Build Host  : x86-01.bsys.centos.org
Relocations : (not relocatable)
Packager    : CentOS BuildSystem <http://bugs.centos.org>
Vendor      : CentOS
URL         : http://sourceforge.net/projects/net-tools/
Summary     : Basic networking tools
Description :
The net-tools package contains basic networking tools,
including ifconfig, netstat, route, and others.
Most of them are obsolete. For replacement check iproute package.
[root@localhost Packages]#
```

图 6 − 1　使用 rpm -qpi 命令显示软件包的版本信息

（2）查看这个软件包中的内容。

```
[root@localhost~ ]# rpm -qpl net-tools-2.0-0.24.20131004git.el7.x86_
64.rpm
```

net-tools 工具包是常用的网络工具的软件包，在图 6 − 2 中，可以看到 ifconfig、arp 等常用的网络工具（见图 6 − 2）。

```
[root@localhost Packages]# rpm -qpl net-tools-2.0-0.24.20131004git.el7.x86_64.rpm
warning: net-tools-2.0-0.24.20131004git.el7.x86_64.rpm: Header V3 RSA/SHA256 Signature,
/bin/netstat
/sbin/arp
/sbin/ether-wake
/sbin/ifconfig
/sbin/ipmaddr
/sbin/iptunnel
/sbin/mii-diag
/sbin/mii-tool
/sbin/nameif
/sbin/plipconfig
/sbin/route
/sbin/slattach
/usr/lib/systemd/system/arp-ethers.service
/usr/share/doc/net-tools-2.0
/usr/share/doc/net-tools-2.0/COPYING
/usr/share/locale/cs/LC_MESSAGES/net-tools.mo
/usr/share/locale/de/LC_MESSAGES/net-tools.mo
/usr/share/locale/et_EE/LC_MESSAGES/net-tools.mo
/usr/share/locale/fr/LC_MESSAGES/net-tools.mo
/usr/share/locale/pt_BR/LC_MESSAGES/net-tools.mo
```

图 6 − 2　使用 rpm -qpl 命令显示软件包中的内容

（3）安装这个软件包（见图 6 - 3）。

```
[root@localhost~ ]#rpm -ivh net-tools-2.0-0.24.20131004git.el7.x86_
64.rpm
```

```
[root@localhost Packages]# rpm -ivh net-tools-2.0-0.24.20131004git.el7.x86_64.rpm
warning: net-tools-2.0-0.24.20131004git.el7.x86_64.rpm: Header V3 RSA/SHA256 Signature,
Preparing...                        ############################### [100%]
Updating / installing...
   1:net-tools-2.0-0.24.20131004git.el#############################  [100%]
[root@localhost Packages]#
```

图 6 - 3   net-tools 软件包的安装

（4）查询系统中是否安装了 net-tools 软件包（见图 6 - 4）。

```
[root@localhost~ ]#rpm -qa net-tools
```

```
[root@localhost Packages]# rpm -qa net-tools
net-tools-2.0-0.24.20131004git.el7.x86_64
[root@localhost Packages]#
```

图 6 - 4   查询结果

（5）卸载 net-tools 软件包（见图 6 - 5）。

```
[root@localhost~ ]#rpm -ev net-tools
```

选项-e 表示卸载，这里的-v 选项，可以显示命令执行的细节。

```
[root@localhost Packages]# rpm -ev net-tools
Preparing packages...
net-tools-2.0-0.24.20131004git.el7.x86_64
[root@localhost Packages]#
```

图 6 - 5   卸载 net-tools 软件包

6.2.2   YUM 源的搭建

1. 本地 YUM 源的搭建

在很多情况下，没有网络也需要安装必要的软件，搭建本地源可以很好地解决这个问题。在本实验中，需要用到 CentOS 7 的系统安装盘，并把系统盘 ISO 镜像文件导入系统中（也可以放在虚拟光驱中使用，方法有一些区别），存放的路径是/root/CentOS-7-x86_64-DVD-1810.iso。

（1）永久挂载（也可以临时挂载，但是重启之后 YUM 源会失效，必须重新挂载）这个镜像文件到/mnt/DVD-Centos7，具体做法是修改/etc/fstab 文件，增加下面的一行。

```
/root/CentOS-7-x86 _ 64-DVD-1810. iso   /mnt/DVD-Centos7   iso9660
defaults  0  0
```

（2）备份/etc/yum. repos. d 中的文件到/etc/yum. repos. d/back，清空/etc/yum. repos. d。注意，实际生产环境中如果有其他之前的 YUM 配置，不要清空，但是实验环境可以清空。

（3）添加新的 YUM 源配置文件，如 Centos7-dvd. repo。文件名可以根据实际情况修改，扩展名. repo 不能变。文件内容如下。

```
[Centos7DVD]              #YUM 源的 id,本地唯一,用于区分不同的 YUM 源
name= Centos7DVD          #YUM 源描述信息
baseurl= file:///mnt/     #YUM 源的地址,一般格式为 file://、ftp://、http://
DVD-Centos7/
gpgcheck= 0               #0 表示不使用公钥验证,1 表示使用
enable= 1                 #1 表示启用 YUM 源,0 表示禁用
```

（4）保存退出后可以开始验证。

① 清空 YUM 源已存在的缓存信息。

```
[root@localhost~ ]#yum clean all
```

② 建立新的缓存（见图 6－6）。

```
[root@localhost~ ]#yum makecache
```

```
[root@localhost Packages]# yum makecache
Loaded plugins: fastestmirror
Determining fastest mirrors
CentOS7-dvd                                                  | 3.6 kB  00:00:00
(1/4): CentOS7-dvd/group_gz                                  | 166 kB  00:00:00
(2/4): CentOS7-dvd/primary_db                                | 3.1 MB  00:00:00
(3/4): CentOS7-dvd/filelists_db                              | 3.2 MB  00:00:00
(4/4): CentOS7-dvd/other_db                                  | 1.3 MB  00:00:00
Metadata Cache Created
[root@localhost Packages]#
```

图 6－6　本地源搭建成功后建立新缓存

2. 网络源的搭建（必须能访问 internet）

开始搭建之前，备份原有的源到/etc/yum. repos. d/back 目录。本实验中使用国内的阿里 YUM 源，只需要使用 wget 命令下载即可，注意使用的系统是 CentOS 7。其他的源，大家可以自己搜索。如果系统中没有 wget 命令，可以在安装镜像光盘的 Packages 目录中找到，或者直接使用本地源安装。阿里源 CentOS 7 下载命令如下（见图 6－7）。

```
[root@localhost~ ]#wget -O/etc/yum.repos.d/CentOS-Base.repo  \
http://mirrors.aliyun.com/repo/Centos-7.repo
```

```
[root@localhost Packages]# wget -O /etc/yum.repos.d/CentOS-Base.repo  http://mirrors.aliyun.com/repo/Centos-7.repo
--2022-10-24 09:09:05--  http://mirrors.aliyun.com/repo/Centos-7.repo
Resolving mirrors.aliyun.com (mirrors.aliyun.com)... 120.39.196.248, 119.96.90.239, 117.34.48.242, ...
Connecting to mirrors.aliyun.com (mirrors.aliyun.com)|120.39.196.248|:80... connected.
HTTP request sent, awaiting response... 200 OK
Length: 2523 (2.5K) [application/octet-stream]
Saving to: ' /etc/yum.repos.d/CentOS-Base.repo'

100%[===================================================================================>] 2,523       14.1KB/s   in 0.2s

2022-10-24 09:09:05 (14.1 KB/s) - ' /etc/yum.repos.d/CentOS-Base.repo' saved [2523/2523]
```

图 6－7　阿里源下载成功

下载完成之后,注意观察下载的位置是否正确,然后使用下面的命令。

（1）清空 YUM 源已存在的缓存信息。

```
[root@localhost~ ]#yum clean all
```

（2）建立新的缓存(见图 6-8)。

```
[root@localhost~ ]#yum makecache
```

```
[root@localhost Packages]#yum makecache
Loaded plugins: fastestmirror
Determining fastest mirrors
 * base: mirrors.aliyun.com
 * extras: mirrors.aliyun.com
 * updates: mirrors.aliyun.com
CentOS-dvd                                                      | 3.6 kB  00:00:00
base                                                            | 3.6 kB  00:00:00
extras                                                          | 2.9 kB  00:00:00
updates                                                         | 2.9 kB  00:00:00
(1/14): CentOS7-dvd/group_gz                                    | 166 kB  00:00:00
(2/14): CentOS7-dvd/filelists_db                                | 3.2 MB  00:00:00
(3/14): CentOS7-dvd/primary_db                                  | 3.1 MB  00:00:00
(4/14): CentOS7-dvd/other_db                                    | 1.3 MB  00:00:00
(5/14): base/7/x86_64/group_gz                                  | 153 kB  00:00:04
(6/14): base/7/x86_64/filelists_db                              | 7.2 MB  00:00:38
(7/14): extras/7/x86_64/primary_db                              | 249 kB  00:00:01
(8/14): extras/7/x86_64/filelists_db                            | 276 kB  00:00:01
(9/14): extras/7/x86_64/other_db                                | 149 kB  00:00:00
(10/14): base/7/x86_64/other_db                                 | 2.6 MB  00:00:12
(11/14): base/7/x86_64/primary_db                               | 6.1 MB  00:00:47
(12/14): updates/7/x86_64/filelists_db                          | 9.6 MB  00:01:35
(13/14): updates/7/x86_64/primary_db                            | 17 MB   00:01:35
(14/14): updates/7/x86_64/other_db                              | 1.2 MB  00:00:11
Metadata Cache Created
[root@localhost Packages]#
```

图 6-8　为阿里源建立新的缓存

3. EPEL 源的配置

EPEL(extra packages for enterprise Linux)是基于 Fedora 的一个项目,为"红帽系"的操作系统提供额外的软件包,适用于 RHEL、CentOS 和 Scientific Linux。在实际应用中,有些组件 YUM 源没有,但在 EPEL 源中可以找到。EPEL 源的配置方法如下。

（1）直接使用 yum install 命令安装即可(见图 6-9)。

```
[root@localhost~ ]#yum install epel-release
```

```
[root@localhost Packages]# yum  install  epel-release
Loaded plugins: fastestmirror
Loading mirror speeds from cached hostfile
 * base: mirrors.aliyun.com
 * extras: mirrors.aliyun.com
 * updates: mirrors.aliyun.com
Resolving Dependencies
--> Running transaction check
---> Package epel-release.noarch 0:7-11 will be installed
--> Finished Dependency Resolution

Dependencies Resolved

================================================================================
 Package          Arch          Version          Repository          Size
================================================================================
Installing:
 epel-release     noarch        7-11             extras              15 k

Transaction Summary
================================================================================
Install  1 Package
```

图 6-9　安装 epel-release 扩展源

（2）清空 YUM 源已存在的缓存信息。

```
[root@localhost~ ]#yum  clean  all
```

（3）建立新的缓存（见图 6-10）。

```
[root@localhost~ ]#yum  makecache
```

```
[root@localhost Packages]# yum makecache
Loaded plugins: fastestmirror
Determining fastest mirrors                                              | 7.3 kB  00:00:00
epel/x86_64/metalink
 * base: mirrors.aliyun.com
 * epel: mirror.01link.hk
 * extras: mirrors.aliyun.com
 * updates: mirrors.aliyun.com                                           | 3.6 kB  00:00:00
CentOS7-dvd                                                              | 3.6 kB  00:00:00
base
https://mirror.01link.hk/epel/7/x86_64/repodata/repomd.xml: [Errno 14] curl#60 - "Peer's Certificate has expired."
Trying other mirror.
It was impossible to connect to the CentOS servers.
This could mean a connectivity issue in your environment, such as the requirement to configure a proxy,
or a transparent proxy that tampers with TLS security, or an incorrect system clock.
You can try to solve this issue by using the instructions on https://wiki.centos.org/yum-errors
If above article doesn't help to resolve this issue please use https://bugs.centos.org/.

epel                                                                     | 4.7 kB  00:00:00
extras                                                                   | 2.9 kB  00:00:00
updates                                                                  | 2.9 kB  00:00:00
(1/20): CentOS7-dvd/group_gz                                             | 166 kB  00:00:00
(2/20): CentOS7-dvd/primary_db                                           | 3.1 MB  00:00:00
(3/20): CentOS7-dvd/filelists_db                                         | 3.2 MB  00:00:00
(4/20): CentOS7-dvd/other_db                                             | 1.3 MB  00:00:00
(5/20): base/7/x86_64/group_gz                                           | 153 kB  00:00:00
(6/20): base/7/x86_64/primary_db                                         | 6.1 MB  00:00:37
(7/20): epel/x86_64/group_gz                                             |  97 kB  00:00:00
```

图 6-10　为 EPEL 源建立缓存

6.2.3　yum 命令的使用

（1）查询软件包，如查询与 http 相关的软件包。

```
[root@localhost~ ]#yum search http
```

这条命令列出了软件包名称中包含 http 关键字的软件包。注意，这里是在只有本地源的情况下进行的查询。使用 yum search all httpd 查询的结果如图 6-11 所示。

```
[root@localhost yum.repos.d]#yum search all httpd
Loaded plugins: fastestmirror
Loading mirror speeds from cached hostfile
=============================================== Matched: httpd ===============================
httpd-devel.x86_64 : Development interfaces for the Apache HTTP server
httpd-manual.noarch : Documentation for the Apache HTTP server
httpd-tools.x86_64 : Tools for use with the Apache HTTP Server
libmicrohttpd.x86_64 : Lightweight library for embedding a webserver in applications
httpd.x86_64 : Apache HTTP Server
mod_dav_svn.x86_64 : Apache httpd module for Subversion server
mod_fcgid.x86_64 : FastCGI interface module for Apache 2
mod_lookup_identity.x86_64 : Apache module to retrieve additional information about the authenticated user
mod_session.x86_64 : Session interface for the Apache HTTP Server
mod_ssl.x86_64 : SSL/TLS module for the Apache HTTP Server
[root@localhost yum.repos.d]#
```

图 6-11　使用 yum search all httpd 命令查询的结果

（2）安装 httpd 服务。

```
[root@localhost~ ]#yum install -y httpd
```

-y 表示不需要确认，直接安装（见图 6 - 12）。

```
[root@localhost yum.repos.d]#yum install -y httpd
Loaded plugins: fastestmirror
Loading mirror speeds from cached hostfile
Resolving Dependencies
--> Running transaction check
---> Package httpd.x86_64 0:2.4.6-88.el7.centos will be installed
--> Finished Dependency Resolution

Dependencies Resolved

================================================================================
 Package          Arch           Version                  Repository      Size
================================================================================
Installing:
 httpd            x86_64         2.4.6-88.el7.centos       CentOS7-dvd    2.7 M

Transaction Summary
================================================================================
Install  1 Package

Total download size: 2.7 M
Installed size: 9.4 M
Downloading packages:
Running transaction check
Running transaction test
Transaction test succeeded
Running transaction
  Installing : httpd-2.4.6-88.el7.centos.x86_64                           1/1
  Verifying  : httpd-2.4.6-88.el7.centos.x86_64                           1/1

Installed:
  httpd.x86_64 0:2.4.6-88.el7.centos

Complete!
[root@localhost yum.repos.d]#
```

图 6 - 12　使用 yum 命令安装 httpd

（3）检查 httpd 的安装情况（见图 6 - 13）。

```
[root@localhost~ ]#yum list httpd
```

```
[root@localhost yum.repos.d]#yum list httpd
Loaded plugins: fastestmirror
Loading mirror speeds from cached hostfile
Installed Packages
httpd.x86_64                                              2.4.6-88.el7.centos
[root@localhost yum.repos.d]#
```

图 6 - 13　httpd 的安装情况

（4）更新 httpd 软件包（见图 6 - 14）。

```
[root@localhost~ ]#yum update httpd
```

```
[root@localhost yum.repos.d]# yum update httpd
Loaded plugins: fastestmirror
Loading mirror speeds from cached hostfile
 * base: mirrors.aliyun.com
 * extras: mirrors.aliyun.com
 * updates: mirrors.aliyun.com
Resolving Dependencies
--> Running transaction check
---> Package httpd.x86_64 0:2.4.6-88.el7.centos will be updated
---> Package httpd.x86_64 0:2.4.6-97.el7.centos.5 will be an update
--> Processing Dependency: httpd-tools = 2.4.6-97.el7.centos.5 for package: httpd-2.4.6-97.el7.centos.5.x86_64
--> Running transaction check
---> Package httpd-tools.x86_64 0:2.4.6-88.el7.centos will be updated
---> Package httpd-tools.x86_64 0:2.4.6-97.el7.centos.5 will be an update
--> Finished Dependency Resolution

Dependencies Resolved
```

图 6 - 14　更新 httpd

（5）卸载 httpd 软件包（见图 6 - 15）。

```
[root@localhost~ ]#yum remove httpd
```

```
[root@localhost yum.repos.d]# yum remove httpd
Loaded plugins: fastestmirror
Resolving Dependencies
--> Running transaction check
---> Package httpd.x86_64 0:2.4.6-88.el7.centos will be erased
--> Finished Dependency Resolution

Dependencies Resolved

================================================================================
 Package         Arch             Version              Repository          Size
================================================================================
Removing:
 httpd           x86_64           2.4.6-88.el7.centos  @CentOS7-dvd       9.4 M

Transaction Summary
================================================================================
Remove  1 Package

Installed size: 9.4 M
Is this ok [y/N]: y
Downloading packages:
Running transaction check
Running transaction test
Transaction test succeeded
Running transaction                                                         1/1
  Erasing    : httpd-2.4.6-88.el7.centos.x86_64                             1/1
  Verifying  : httpd-2.4.6-88.el7.centos.x86_64

Removed:
  httpd.x86_64 0:2.4.6-88.el7.centos

Complete!
[root@localhost yum.repos.d]#
```

图 6 - 15　卸载 httpd

（6）查询系统中安装的所有软件包（见图 6 - 16）。

```
[root@localhost~ ]#yum list installed
```

```
[root@localhost yum.repos.d]#yum list installed
Loaded plugins: fastestmirror
Loading mirror speeds from cached hostfile
 * base: mirrors.aliyun.com
 * extras: mirrors.aliyun.com
 * updates: mirrors.aliyun.com
Installed Packages
GeoIP.x86_64                         1.5.0-13.el7               @anaconda
NetworkManager.x86_64                1:1.12.0-6.el7             @anaconda
NetworkManager-libnm.x86_64          1:1.12.0-6.el7             @anaconda
NetworkManager-team.x86_64           1:1.12.0-6.el7             @anaconda
NetworkManager-tui.x86_64            1:1.12.0-6.el7             @anaconda
acl.x86_64                           2.2.51-14.el7             @anaconda
adwaita-cursor-theme.noarch          3.28.0-1.el7              @CentOS7-dvd
```

图 6 - 16　列出系统中安装的所有软件包

这个命令显示的结果会很多，可以结合 grep 命令查询自己需要的结果（见图 6 - 17）。

```
[root@localhost yum.repos.d]# yum list installed | grep httpd
httpd.x86_64                          2.4.6-97.el7.centos.5          @updates
httpd-tools.x86_64                    2.4.6-97.el7.centos.5          @updates
[root@localhost yum.repos.d]#
```

图 6 - 17　结合 grep 命令查询自己需要的结果

拓展实训

1. 列出所有已经安装的软件包。

2. 查看 httpd 的依赖关系。

3. 列出所有的 YUM 源，包括禁用的。

4. 列出启用的 YUM 源。

5. 安装群组"Desktop"。

习题

一、选择题

1. 对于给定的 RPM 包 vim-enhanced-7.4.160-5.el7.x86_64.rpm，它的软件名为（　　）。

　　A. vim-enhanced　　　　　　　　　B. vim-enhanced-7

　　C. vim-enhanced-7.4.160　　　　　D. x86_64

2. 对于给定的 RPM 包 vim-enhanced-7.4.160-5.el7.x86_64.rpm，它的主版本号为（　　）。

　　A. 4　　　　　　　B. 5　　　　　　　C. 6　　　　　　　D. 7

3. 使用 yum 命令，进行软件包安装的命令为（　　）。

　　A. remove　　　　　B. install　　　　　C. update　　　　　D. clean

4. 使用 yum 命令，进行软件包升级的命令为（　　）。

　　A. remove　　　　　B. install　　　　　C. update　　　　　D. clean

5. 使用 yum 命令，进行软件包删除的命令为（　　）。

　　A. remove　　　　　B. install　　　　　C. update　　　　　D. clean

二、填空题

1. 配置的 YUM 源所在的路径是_____。

2. _____命令可列出所有当前已安装的 RPM 软件包？

3. _____命令可以将 penguin 升级为 penguin-3.27.x86_64.rpm 软件包？

三、简答题

1. 对比分析 rpm 命令和 yum 命令的异同点。

2. 分析软件包依赖的优缺点。

3. 查找资料，给出 python-2.7.5-76.el7.x86_64.rpm 所包含的信息。

第 7 章　进程的管理

知识必备

当我们输入命令运行一个程序,这时会在后台产生一个进程。运行之前,程序只存在于磁盘中,只占用磁盘空间,且是静态的。运行之后,程序被调入内存,执行过程中占用 CPU 和其他资源,这时程序是动态的。

7.1.1　进程与线程

进程是正在执行的程序,由程序、数据和进程控制块组成,是资源调度的基本单位。一个程序执行(运行)后至少会产生一个进程,多个进程可以协调地工作,由操作系统管理这些进程。在进程内部又划分出了许多线程,线程是在进程内部的比进程更小并且能独立运行的基本单元。进程在执行过程中拥有独立的内存单元,而同属一个进程的多个线程共享进程拥有的全部资源。在 Linux 操作系统中用于管理进程的命令有很多,这里只介绍最常用的几个命令。

在 Linux 系统中,可以使用 pstree 命令(可以使用 yum install psmisc. x86_64 安装)显示进程树,如图 7-1 所示。

```
[root@localhost yum.repos.d]# pstree
systemd─┬─NetworkManager─┬─dhclient
        │                └─2*[{NetworkManager}]
        │
        ├─VGAuthService
        ├─agetty
        ├─auditd─┬─audispd─┬─sedispatch
        │        │         └─{audispd}
        │        └─{auditd}
        ├─crond
        ├─dbus-daemon───{dbus-daemon}
        ├─firewalld───{firewalld}
        ├─irqbalance
        ├─lvmetad
        ├─master─┬─pickup
        │        └─qmgr
        ├─polkitd───6*[{polkitd}]
        ├─rsyslogd───2*[{rsyslogd}]
        ├─sshd───sshd───bash───pstree
        ├─systemd-journal
        ├─systemd-logind
        ├─systemd-udevd
        ├─tuned───4*[{tuned}]
        └─vmtoolsd───{vmtoolsd}
[root@localhost yum.repos.d]#
```

图 7-1　pstree 命令显示的进程树

7.1.2 进程状态的查看——ps 命令

在 Linux 系统中,可以使用 ps 命令列出系统中运行的进程及其相关信息。如图 7 - 2 所示,主要包括进程号、命令、CPU 使用量、内存使用量等。表 7 - 1 列出了 ps 命令常用的选项,ps 命令的选项很多,这里不一一列出。

```
[root@localhost yum.repos.d]# ps -aux
USER      PID %CPU %MEM    VSZ   RSS TTY      STAT START   TIME COMMAND
root        1  0.0  0.1 128104  6736 ?        Ss   08:32   0:01 /usr/lib/systemd/systemd --switched-root --system --deserialize 22
root        2  0.0  0.0      0     0 ?        S    08:32   0:00 [kthreadd]
root        3  0.0  0.0      0     0 ?        S    08:32   0:00 [ksoftirqd/0]
root        5  0.0  0.0      0     0 ?        S<   08:32   0:00 [kworker/0:0H]
root        7  0.0  0.0      0     0 ?        S    08:32   0:00 [migration/0]
root        8  0.0  0.0      0     0 ?        S    08:32   0:00 [rcu_bh]
root        9  0.0  0.0      0     0 ?        S    08:32   0:00 [rcu_sched]
root       10  0.0  0.0      0     0 ?        S<   08:32   0:00 [lru-add-drain]
root       11  0.0  0.0      0     0 ?        S    08:32   0:00 [watchdog/0]
root       12  0.0  0.0      0     0 ?        S    08:32   0:00 [watchdog/1]
```

图 7 - 2 ps 命令列出的进程及其相关信息

表 7 - 1 ps 命令常用的选项

选项	选项解释
a	显示当前终端下的所有进程信息
u	显示用户名和启动信息等
x	显示当前用户在所有终端下的进程信息
-e	显示所有进程
-f	完全显示,增加用户名、PPID、进程起始时间

7.1.3 进程状态的查看——top 命令

ps 命令是静态地显示结果,top 命令是动态地显示进程的相关信息,它是 Linux 中常用的性能分析工具,能够实时显示系统中各个进程的资源占用状况,类似于 Windows 的任务管理器。在 top 命令运行的过程中,可以使用按键实现一些功能(见表 7 - 2)。

表 7 - 2 运行 top 命令后可以使用的按键及其功能

按键	功能解释
h/?	帮助
P	按 CPU 占用情况排序
M	按内存占用情况排序
N	按启动时间排序
k	结束进程,9 表示强制结束
r	修改优先级(NI)
q	退出

7.1.4 进程的启动与终止

启动进程很简单,运行一个命令就是启动一个进程。程序运行完毕后会自动地终止相关进程。如果在进程运行的过程中要终止这个进程,可以使用 Ctrl+c 组合键(这个程序必须在前台运行)。也可以使用一些命令终止进程,具体如下。

(1) kill:通过指定进程的 PID 为进程发送信号。

(2) killall:通过指定进程的名称为进程发送信号。

(3) pkill:通过模式匹配为指定的进程发送信号。

7.1.5　程序的后台运行与管理

有些程序需要很长时间才能运行完毕,长时间占用前台终端。这时可以在运行程序命令的最后加"&",把程序放入后台运行。

```
[root@localhost~ ]#sleep 10000 &
```

通过 jobs 命令可以查看后台运行的程序。

```
[root@localhost~ ]#jobs
[1]+   Running          sleep 10000 &
```

"[1]"表示正在后台运行的程序的编号。可以使用 fg 命令,把这个后台程序调到前台。

```
[root@localhost~ ]#fg 1
sleep 10000
```

这时程序在前台运行,占用前台终端屏幕,可以使用 Ctrl+z 组合键放入后台运行,但是进入后台后的程序处于暂停状态,可以使用 bg 命令把这个在后台处于暂停状态的程序运行起来,注意这时程序还是在后台运行。

```
[1]+   Stopped          sleep 10000
[root@localhost~ ]#bg 1
+ sleep 10000 &
[root@localhost~ ]#jobs
[1]+   Running          sleep 10000 &
```

7.2　实训练习

7.2.1　ps 命令的使用

(1) ps 命令常用的组合为 ps -aux 和 ps -ef,两者的功能差不多,显示格式略有不同。图 7-3 为 ps 命令运行后的结果。

① USER:当前进程的属主(用户名)。

② PID:进程的唯一标识。

③ %CPU:CPU 占用时间与总时间的百分比。

```
[root@CentOS ~]#ps -aux
USER        PID %CPU %MEM    VSZ     RSS TTY        STAT START    TIME COMMAND
root          1  0.1  0.0 190848   3792 ?          Ss   11:05    0:00 /usr/lib/systemd/
root          2  0.0  0.0      0      0 ?          S    11:05    0:00 [kthreadd]
root          3  0.0  0.0      0      0 ?          S    11:05    0:00 [ksoftirqd/0]
root          5  0.0  0.0      0      0 ?          S<   11:05    0:00 [kworker/0:0H]
root          6  0.0  0.0      0      0 ?          S    11:05    0:00 [kworker/u256:0]
root          7  0.0  0.0      0      0 ?          S    11:05    0:00 [migration/0]
```

图 7-3　ps 命令运行结果

④ %MEM:占用的内存与总内存的百分比。

⑤ VSZ:进程占用的虚拟内存量(单位 KB)。

⑥ RSS:进程占用的固定内存量(单位 KB)。

⑦ TTY:指示进程是在哪个终端机上运行,若与终端机无关,则显示?。tty1～tty6 表示是本机上的登入者程序,pts/0 等则表示为由网络连接进主机的程序。

⑧ STAT:代表进程状态,R 表示正在运行,S 表示睡眠状态,T 表示已停止运行或者侦测,Z 表示已停止运行但仍在使用系统资源,即成为僵尸进程。

⑨ START:进程被触发启动的时间。

⑩ TIME:进程实际使用 CPU 运行的时间。

⑪ COMMAND:运行程序的实际命令。

(2) 将目前登录用户相关进程的信息列出来(见图 7-4)。

```
[root@localhost~ ]#ps -l
```

```
[root@CentOS ~]#ps -l
F S   UID    PID   PPID  C PRI  NI ADDR SZ WCHAN    TTY          TIME CMD
4 S     0  18195  18193  0  80   0  - 29035 do_wai  pts/0    00:00:00 bash
0 R     0  18418  18195  0  80   0  - 38309 -       pts/0    00:00:00 ps
```

图 7-4　ps -l 命令运行结果

① F:代表程序的旗标(flag),4 代表使用者为超级用户。

② S:代表程序的状态。

③ UID:代表执行者身份。

④ PID:进程的 ID。

⑤ PPID:父进程的 ID。

⑥ C:占用 CPU 资源的百分比。

⑦ PRI:指进程的执行优先权,值越小越早被执行。

⑧ NI:表示进程可被执行的优先级的修正数值。

⑨ ADDR:内核函数,指出程序在内存的哪个部分。

⑩ SZ:已使用的内存大小。

⑪ WCHAN:目前程序是否正在运行当中。

⑫ TTY:登入者的终端机位置。

⑬ TIME:占用 CPU 的时间。

⑭ CMD:运行的命令。

（3）更加清晰地显示出所有进程（见图 7-5）。

```
[root@localhost~ ]#ps -lA
```

```
[root@CentOS ~]# ps -lA
F S   UID   PID  PPID  C PRI  NI ADDR SZ WCHAN  TTY         TIME CMD
4 S     0     1     0  0  80   0 - 47712 ep_pol ?       00:00:00 systemd
1 S     0     2     0  0  80   0 -     0 kthrea ?       00:00:00 kthreadd
1 S     0     3     2  0  80   0 -     0 smpboo ?       00:00:00 ksoftirqd/0
1 S     0     5     2  0  60 -20 -     0 worker ?       00:00:00 kworker/0:0H
1 S     0     6     2  0  80   0 -     0 worker ?       00:00:00 kworker/u256:0
```

图 7-5　ps -lA 运行结果

（4）列出与 httpd 有关的进程（见图 7-6）。

```
[root@localhost~ ]#ps aux | grep httpd
```

```
[root@CentOS ~]# ps aux | grep httpd
root      18420  0.0  0.0 112708   972 pts/0    S+   11:58   0:00 grep --color=auto httpd
```

图 7-6　查询 httpd 进程的信息

（5）显示与指定用户 stu-1 相关的进程信息（见图 7-7）。

```
[root@localhost~ ]#ps -u stu-1
```

```
[root@localhost ~]#ps -u stu-1
   PID TTY          TIME CMD
 10427 pts/0    00:00:00 bash
 10446 pts/0    00:00:00 vim
[root@localhost ~]#
```

图 7-7　与用户 stu-1 相关的进程信息

7.2.2　top 命令的使用

（1）直接使用 top 命令。

```
[root@localhost~ ]#top
```

① PID：进程 ID。
② USER：进程属主。
③ PR：进程的调度优先级。
④ NI：进程 nice 值（优先级），值越小，优先级越高。
⑤ VIRT：进程使用的虚拟内存量。
⑥ RES：进程占用的物理内存量。
⑦ SHR：共享内存大小。

```
[root@CentOS ~]#top
top - 12:12:22 up  1:07,  1 user,  load average: 0.00, 0.01, 0.05
Tasks: 127 total,   2 running, 125 sleeping,   0 stopped,   0 zombie
%Cpu(s):  0.0 us,  0.1 sy,  0.0 ni, 99.9 id,  0.0 wa,  0.0 hi,  0.0 si,  0.0 st
KiB Mem :  3861512 total,  3542176 free,   120260 used,   199076 buff/cache
KiB Swap:        0 total,        0 free,        0 used.  3499868 avail Mem

   PID USER      PR  NI    VIRT    RES    SHR S  %CPU %MEM     TIME+ COMMAND
     1 root      20   0  190848   3796   2572 S   0.0  0.1   0:00.95 systemd
     2 root      20   0       0      0      0 S   0.0  0.0   0:00.00 kthreadd
     3 root      20   0       0      0      0 S   0.0  0.0   0:00.08 ksoftirqd/0
     5 root       0 -20       0      0      0 S   0.0  0.0   0:00.00 kworker/0:0H
     7 root      rt   0       0      0      0 S   0.0  0.0   0:00.04 migration/0
     8 root      20   0       0      0      0 S   0.0  0.0   0:00.00 rcu_bh
```

图 7-8 top 命令运行结果

⑧ S:进程状态。

⑨ %CPU:占用 CPU 的百分比。

⑩ %MEM:占用内存的百分比。

⑪ TIME+:运行时间。

⑫ COMMAND:启动命令。

(2) 运行 top 命令后,按 CPU 占用情况进程排序(见图 7-9)。

```
[root@localhost~ ]#top
#输入 P(注意是大写字母 P)
```

```
top - 10:20:02 up  1:47,  2 users,  load average: 0.00, 0.01, 0.05
Tasks: 141 total,   2 running, 139 sleeping,   0 stopped,   0 zombie
%Cpu(s):  0.0 us,  0.0 sy,  0.0 ni,100.0 id,  0.0 wa,  0.0 hi,  0.0 si,  0.0 st
KiB Mem :  3861512 total,  2749288 free,   176256 used,   935968 buff/cache
KiB Swap:  4063228 total,  4063228 free,        0 used.  3388652 avail Mem

   PID USER      PR  NI    VIRT    RES    SHR S  %CPU %MEM     TIME+ COMMAND
  8709 root      20   0       0      0      0 S   0.6  0.0   0:07.33 kworker/0:3
 10474 root      20   0  162012   2280   1584 R   0.6  0.1   0:00.51 top
     1 root      20   0  128104   6736   4172 S   0.0  0.2   0:02.00 systemd
     2 root      20   0       0      0      0 S   0.0  0.0   0:00.02 kthreadd
     3 root      20   0       0      0      0 S   0.0  0.0   0:00.94 ksoftirqd/0
     5 root       0 -20       0      0      0 S   0.0  0.0   0:00.00 kworker/0:0H
     7 root      rt   0       0      0      0 S   0.0  0.0   0:00.16 migration/0
```

图 7-9 按 CPU 占用情况将进程排序

7.2.3 进程的终止与启动

强制杀死 PID 为 9751 的进程。

```
[root@localhost~ ]#kill - 9 9751
```

—9 选项表示强制杀死指定进程。

拓展实训

1. 使用 ps 命令显示进程树。

2. 查看多核 CPU 中不同核的信息,对显示内容做解读。(提示:在 top 基本视图中,按键盘数字"1",可监控每个逻辑 CPU 的状况)

3. 使用 top 命令,将要显示的进程按照内存占用情况排序。

4. 使用 top 命令,显示进程的完整信息。

5. 使用 top 命令,显示 34567 号进程的信息。

6. 使用 top 命令进入默认界面后,敲击键盘上的"b"和"x",解释出现的情况。

习题

一、选择题

1. 终止一个前台进程用到的命令或操作是( )。
  A. kill
  B. CTRL+c
  C. shut down
  D. halt

2. 终止一个后台进程用到的命令或操作是( )。
  A. kill
  B. CTRL+c
  C. shut down
  D. halt

3. 下面哪一个选项不是 Linux 系统的进程类型( )。
  A. 交互进程
  B. 批处理进程
  C. 守护进程
  D. 就绪进程

4. 哪个命令能显示当前系统运行的进程列表?( )
  A. ps -ax
  B. proc -a
  C. stat
  D. ls

5. 使用 ps 获取当前运行进程的信息时,输出内容 PID 的含义为( )。
  A. 进程的用户 ID
  B. 进程调度的级别
  C. 进程 ID
  D. 父进程 ID

6. 在下面对进程的描述中,不正确的是( )。
  A. 进程是动态的概念
  B. 进程执行需要处理机
  C. 进程是有生命期的
  D. 进程是指令的集合

7. ( )不是进程和程序的区别。
  A. 程序是一组有序的静态指令,进程是程序的一次执行过程
  B. 程序只能在前台运行,而进程可以在前台或后台运行
  C. 程序可以长期保存,进程是暂时的
  D. 程序没有状态,而进程是有状态的

二、简答题

1. 描述程序、进程和线程的含义,并列出它们的相同点和不同点。

2. 描述 ps 命令和 top 命令的区别。

3. 描述进程从出现到结束的过程。

第 8 章　服务的管理

8.1　知识必备

根据第 7 章,应用程序运行之后在系统中会产生进程。其实在操作系统启动后,已经运行了很多支持系统功能的程序,这些程序在后台显示为特殊的进程,有些进程时刻监听着固定的端口,等待为用户服务,这些特殊的进程叫做服务。这一章我们重点学习服务的管理。

8.1.1　Linux 系统启动的流程

Linux(以 CentOS 7 为例,其他发行版本与下面的过程有个别不同)的启动过程大体上如下。

(1) 加电自检阶段:当计算机打开电源后,首先是 BIOS 开机自检,按照 BIOS 中设置的启动设备(通常是硬盘)来启动。

(2) GRUB2 引导阶段:与 CentOS 6 不同,CentOS 7 的主引导程序使用的是 GRUB2,在这一阶段,主要是加载镜像、MOD 模块文件、GRUB2 程序,解析配置文件/boot/grub/grub. cfg,根据配置文件加载内核镜像到内存,构建虚拟根文件系统。

(3) 内核引导阶段:主要是加载驱动,切换到真正的根文件系统。与 CentOS 6 不同的是,执行的初始化程序变成了/usr/lib/systemd/systemd。

(4) systemed 初始化阶段:执行默认的 target 配置文件/etc/systemd/system/default. target。

(5) 建立终端登录界面:systemd 执行 multi-user. target 下的 getty. target 建立 TTY 终端,同时会显示一个文本登录界面,这个界面就是我们经常看到的登录界面。

8.1.2　服务的管理

systemd 是目前 Linux 系统上主要的系统守护进程管理工具。CentOS 6 使用的是 init 初始化进程,它存在两方面的问题:①对于进程的管理是串行化的,容易出现阻塞情况;②仅仅执行启动脚本,并不能对服务本身进行更多的管理。所以从 CentOS 7 开始,systemd 取代了 init 作为默认的系统进程管理工具。systemd 是系统启动和服务器守护进程管理器,负责在系统启动或运行时,激活系统资源、服务器进程和其他进程。systemd 常驻内存,因此执行速度比较快,并且实现了并发式的服务启动,解决了服务的依赖性等问题。

systemd 管理服务时所使用的命令有很多,常见的见表 8 - 1。

表 8-1 systemd 管理服务命令

命令	作用
systemctl	主命令，用于管理系统
systemd-analyze	用于查看启动耗时
hostnamectl	用于查看当前主机的信息
localectl	用于查看本地化设置
timedatectl	用于查看当前时区设置
loginctl	用于查看当前登录的用户

systemd 可以管理系统中的所有资源，这些资源统称为 unit（单元）。常见的 Unit 有 12 种，具体见表 8-2。

表 8-2 常见的 12 种 unit

单元名称	单元功能
service unit	系统服务
target unit	多个 unit 构成的一个组
device unit	硬件设备
mount unit	文件系统的挂载点
automount unit	自动挂载点
path unit	文件或路径
scope unit	不是由 systemd 启动的外部进程
slice unit	进程组
snapshot unit	systemd 快照，可以切回某个快照
socket unit	进程间通信的 socket
swap unit	swap 文件
timer unit	定时器

表 8-3 列出了 systemctl 命令常用的一些组合。

表 8-3 systemctl 的常见用法

命令	功能
systemctl start 服务名	开启服务
systemctl stop 服务名	关闭服务
systemctl status 服务名	显示服务状态
systemctl restart 服务名	重启服务
systemctl enable 服务名	设置服务开机启动
systemctl disable 服务名	设置服务开机不启动
systemctl list-units	查看系统中所有正在运行的服务
systemctl list-unit-files	查看系统中所有服务的开机启动状态
systemctl list-dependencies 服务名	查看系统中服务的依赖关系
systemctl mask 服务名	冻结服务
systemctl unmask 服务名	解冻服务

（续表）

命令	功能
systemctl set-default multi-user. target	开机时不启动图形界面
systemctl set-default graphical. target	开机时启动图形界面

8.1.3 计划任务——atd 服务

计划任务可以在无须人工干预的情况下，按照约定的时间执行预先安排好的作业（设置好的一组 Linux 命令）。Linux 上完成计划任务有两个命令，分别是 at 和 crontab。开始执行命令之前，先要安装相关服务，命令如下。

（1）安装 atd 服务。

```
[root@localhost~ ]#yum install -y at
```

（2）安装 crond 服务。

```
[root@localhost~ ]#yum install -y crontabs
```

启动服务的命令如下。

```
[root@localhost~ ]#systemctl start atd
[root@localhost~ ]#systemctl start crond
```

at 命令用于设置一次性的计划任务。命令格式如下：at［选项］［时间］。at 命令常见的选项见表 8－4。

表 8－4　at 命令常用选项

选项	选项解释
-m	当指定的任务完成之后，给用户发送邮件，即使没有标准输出
-I	atq 的别名
-d	atrm 的别名
-v	显示任务将被执行的时间
-c	打印任务的内容到标准输出

在设置计划任务时需要对时间进行表示，具体的表示方法如下。

（1）当天的时间 hh:mm（小时:分钟）。假如时间已过去，那么就放在第二天执行。例如，06:00。

（2）使用 midnight（深夜）、noon（中午）、teatime（一般是下午 4 点）等来指定时间。

（3）采用 12 小时计时制，即在时间后面加上 am（上午）或 pm（下午）来说明是上午还是下午。例如，12pm。

（4）指定命令执行的具体日期，指定格式为 month day（月 日）或 mm/dd/yy（月/日/年）

或 dd. mm. yy(日. 月. 年),指定的日期必须跟在指定时间的后面。例如,08:00 2022-01-01。

(5)使用相对计时法。指定格式为 now+count time-units,now 表示当前时间;time-units 表示时间单位,即 minutes(分钟)、hours(小时)、days(天)或 weeks(星期);count 表示数量,如几天或几小时。例如,now+10 minutes。

(6)直接使用 today(今天)、tomorrow(明天)来指定完成命令的时间。

atd 服务相关命令如下。

(1)at:在特定的时间执行一次性的任务。

(2)atq:列出用户的计划任务,如果是超级用户,则列出所有用户的任务。

(3)atrm:根据 jobnumber 删除 at 任务。

(4)batch:在系统负荷允许的情况下执行 at 任务,即在系统空闲的情况下执行 at 任务。

8.1.4　计划任务——crond 服务

还有一个可以完成计划任务的命令是 crontab。该命令是由 cron(crond)这个系统服务来控制的。crond 是 Linux 上用来周期性地执行某种任务或等待处理某些事件的一个守护进程,当操作系统安装完成后,默认会安装此服务,并且会自动启动 crond 进程,crond 进程会定期检查是否有要执行的任务,如果有要执行的任务,则自动执行该任务。在/etc 目录下有一个 crontab 文件,这个文件是系统任务调度的配置文件,具体格式如图 8-1 所示。

```
[root@CentOS ~]# cat /etc/crontab
SHELL=/bin/bash
PATH=/sbin:/bin:/usr/sbin:/usr/bin
MAILTO=root

# For details see man 4 crontabs

# Example of job definition:
# .---------------- minute (0 - 59)
# |  .------------- hour (0 - 23)
# |  |  .---------- day of month (1 - 31)
# |  |  |  .------- month (1 - 12) OR jan,feb,mar,apr ...
# |  |  |  |  .---- day of week (0 - 6) (Sunday=0 or 7) OR sun,mon,tue,wed,thu,fri,sat
# |  |  |  |  |
# *  *  *  *  * user-name  command to be executed
```

图 8-1　crontab 文件

用 crontab -e 命令进入当前用户的工作表进行编辑,进去之后是一个 Vim 编辑器的界面。或者直接使用 Vim 编辑器编辑/etc/crontab 文件,完成编辑后保存退出,重启 crond 服务即可。crontab 命令的构成为时间+动作,时间有分、时、日、月、周五种,操作符见表 8-5,动作大多数时候是命令或者脚本文件。

表 8-5　crontab 文件中时间的表示符号

符号	符号的意义和示例
*	取值范围内的所有数字,不能超出所指定的范围,如表示月份时不能超出 12 等
/	每隔多久,例如,在表示分钟的位置上,/3 表示每隔 3 分钟
—	例如,在小时的位置上,1—4 表示 1 点到 4 点
,	散列数字,例如,在月份的位置上,1,4,6 表示 1 月、4 月和 6 月

8.2 **实训练习**

8.2.1 服务的管理

(1) 查看系统启动时的耗时情况(见图 8-2)。

```
[root@localhost ~]# systemd-analyze
Startup finished in 1.294s (kernel) + 2.134s (initrd) + 6.634s (userspace) = 10.063s
[root@localhost ~]#
```

图 8-2 系统启动耗时情况

(2) 查看当前主机信息(见图 8-3)。

```
[root@localhost~ ]#hostnamectl
```

```
[root@localhost ~]# hostnamectl
   Static hostname: localhost.localdomain
         Icon name: computer-vm
           Chassis: vm
        Machine ID: 7a076745064a497b9c439e30fda09d27
           Boot ID: 9372aeb203134adc8a290d053b9accbf
    Virtualization: vmware
  Operating System: CentOS Linux 7 (Core)
       CPE OS Name: cpe:/o:centos:centos:7
            Kernel: Linux 3.10.0-957.el7.x86_64
      Architecture: x86-64
[root@localhost ~]#
```

图 8-3 当前主机信息

(3) 查看当前主机时区设置(见图 8-4)。

```
[root@localhost~ ]#timedatectl
```

```
[root@localhost ~]# timedatectl
      Local time: Mon 2022-10-24 12:09:10 CST
  Universal time: Mon 2022-10-24 04:09:10 UTC
        RTC time: Mon 2022-10-24 04:09:10
       Time zone: Asia/Shanghai (CST, +0800)
     NTP enabled: n/a
NTP synchronized: no
 RTC in local TZ: no
      DST active: n/a
[root@localhost ~]#
```

图 8-4 当前主机时区设置

（4）查看当前登录的用户（见图 8 - 5）。

```
[root@localhost~ ]#loginctl
```

```
[root@localhost ~]# loginctl
    SESSION        UID USER              SEAT
         4          0 root
         1          0 root

2 sessions listed.
[root@localhost ~]#
```

图 8 - 5　当前主机登录用户

（5）启动 HTTP 服务，并设为开机启动，查看 HTTP 服务状态（见图 8 - 6）。

```
[root@localhost ~]#systemctl start httpd
[root@localhost ~]#systemctl enable httpd
Created symlink from /etc/systemd/system/multi-user.target.wants/httpd.service to /usr/lib/systemd/system/httpd.service.
[root@localhost ~]# systemctl status httpd
● httpd.service - The Apache HTTP Server
   Loaded: loaded (/usr/lib/systemd/system/httpd.service; enabled; vendor preset: disabled)
   Active: active (running) since Mon 2022-10-24 12:17:46 CST; 26s ago
     Docs: man:httpd(8)
           man:apachectl(8)
 Main PID: 10842 (httpd)
   Status: "Total requests: 0; Current requests/sec: 0; Current traffic:   0 B/sec"
   CGroup: /system.slice/httpd.service
           ├─10842 /usr/sbin/httpd -DFOREGROUND
           ├─10843 /usr/sbin/httpd -DFOREGROUND
           ├─10844 /usr/sbin/httpd -DFOREGROUND
           ├─10845 /usr/sbin/httpd -DFOREGROUND
           ├─10846 /usr/sbin/httpd -DFOREGROUND
           └─10847 /usr/sbin/httpd -DFOREGROUND

Oct 24 12:17:46 localhost.localdomain systemd[1]: Starting The Apache HTTP Server...
Oct 24 12:17:46 localhost.localdomain httpd[10842]: AH00558: httpd: Could not reliably determine the server's fully qualified
Oct 24 12:17:46 localhost.localdomain systemd[1]: Started The Apache HTTP Server.
Hint: Some lines were ellipsized, use -l to show in full.
[root@localhost ~]#
```

图 8 - 6　启动 httpd、设为开机启动和列出状态

① 启动 httpd。

```
[root@localhost~ ]#systemctl start httpd
```

② 设置 httpd 开机自动启动。

```
[root@localhost~ ]#systemctl enable httpd
```

③ 查看 httpd 的状态。

```
[root@localhost~ ]#systemctl status httpd
```

（6）查看当前系统的所有 unit（见图 8 - 7）。

```
[root@localhost~ ]#systemctl list-units --all
```

```
[root@localhost ~]# systemctl list-units --all
UNIT                                                                              LOAD    ACTIVE  SUB      DESCRIPTION
proc-sys-fs-binfmt_misc.automount                                                 loaded  active  waiting  Arbitrary Executable File Formats File System Automount Point
dev-block-8:2.device                                                              loaded  active  plugged  LVM PV IdURia-RvpO-yQCa-bhr3-SPBn-afLT-kXBWMz on /dev/sda2 2
dev-cdrom.device                                                                  loaded  active  plugged  VMware_Virtual_IDE_CDROM_Drive CentOS_7_x86_64
dev-centos-home.device                                                            loaded  active  plugged  /dev/centos/home
dev-centos-root.device                                                            loaded  active  plugged  /dev/centos/root
dev-centos-swap.device                                                            loaded  active  plugged  /dev/centos/swap
dev-disk-by\x2did-ata\x2dVMware_Virtual_IDE_CDROM_Drive_10000000000000000001.device loaded active plugged VMware_Virtual_IDE_CDROM_Drive CentOS_7_x8
dev-disk-by\x2did-dm\x2dname\x2dcentos\x2dhome.device                              loaded  active  plugged  /dev/disk/by-id/dm-name-centos-home
dev-disk-by\x2did-dm\x2dname\x2dcentos\x2droot.device                             loaded  active  plugged  /dev/disk/by-id/dm-name-centos-root
dev-disk-by\x2did-dm\x2dname\x2dcentos\x2dswap.device                             loaded  active  plugged  /dev/disk/by-id/dm-name-centos-swap
dev-disk-by\x2did-dm\x2duuid\x2dLVM\x2dY05w5sdr4FVsx4GFMf5hzuIPCe8D0SQDhOpwDD8KDPmcYRyAKV2yj253osSrb1NH.device loaded active plugged /dev/disk/by-id
```

图 8-7 列出系统中所有的 unit

（7）查看当前系统的所有 target（见图 8-8）。

```
[root@localhost~ ]#systemctl list-unit-files –type target
```

```
[root@localhost ~]# systemctl list-unit-files --type target
UNIT FILE                  STATE
basic.target               static
bluetooth.target           static
cryptsetup-pre.target      static
cryptsetup.target          static
ctrl-alt-del.target        disabled
default.target             enabled
emergency.target           static
final.target               static
getty-pre.target           static
getty.target               static
graphical.target           static
halt.target                disabled
hibernate.target           static
hybrid-sleep.target        static
initrd-fs.target           static
initrd-root-fs.target      static
```

图 8-8 当前系统的所有 target（部分截图）

这里的 target 是一组 unit，有时候启动的 unit 太多，且又都是相关的，就可以放在一个 target 里。

关于 systemd 的命令还有很多，可以参考网络资料进一步学习，这里不再列出。

8.2.2 计划任务——atd 服务

（1）2 天后的下午 3 点执行/bin/ls（见图 8-9）。

```
[root@CentOS ~]#systemctl start atd
[root@CentOS ~]#at 2pm+3 days
at> /bin/ls   这里是要执行的脚本或者命令
at> <EOT>     这里按ctrl+d表示结束
job 1 at Fri Oct 14 14:00:00 2022
```

图 8-9 运行结果

（2）明天 13 点，备份/etc/passwd 文件到/root 目录下（见图 8-10）。

```
[root@CentOS ~]#at 13:00 tomorrow
at> cp -a/etc/passwd /root
at> <EOT>
job 2 at Wed Oct 12 13:00:00 2022
```

图 8-10　运行结果

8.2.3　计划任务——crond 服务

（1）每 5 分钟显示一次/etc/passwd 文件的内容（见图 8-11）。

```
SHELL=/bin/bash
PATH=/sbin:/bin:/usr/sbin:/usr/bin
MAILTO=root

# For details see man 4 crontabs

# Example of job definition:
# .---------------- minute (0 - 59)
# |  .------------- hour (0 - 23)
# |  |  .---------- day of month (1 - 31)
# |  |  |  .------- month (1 - 12) OR jan,feb,mar,apr ...
# |  |  |  |  .---- day of week (0 - 6) (Sunday=0 or 7) OR sun,mon,tue,wed,thu,fri,sat
# |  |  |  |  |
# *  *  *  *  * user-name  command to be executed
* * * * * cat /etc/passwd   按照题意添加的一行
~
```

图 8-11　运行结果

```
*    *    *    *    *    cat/etc/passwd
```

接下来的示例，没有给出具体的截图，只需要把对应的内容写入/etc/crontab 文件的最后一行，然后重启 crond 服务即可。

（2）在上午 8 点到 10 点的第 10 和第 20 分钟显示一次/etc/passwd 文件的内容。

```
10,20  8-10  *  *  *  cat/etc/passwd
```

（3）每晚的 23:59 重启 httpd。

```
59 23  *  *  *  systemctl restart httpd
```

（4）每天 20:00～23:00 每隔 30 分钟重启 vsftpd。

```
0,30  20-23  *  *  *  systemctl restart vsftpd
```

（5）每周星期六的 11:00pm 重启 httpd。

```
0 23  *  *  6 systemctl restart httpd
```

📇 **拓展实训**

1. 在 CentOS 7 中忘记 root 用户的登录密码，如何重置？
2. 假设脚本 clear 在/root 目录下，使用 crond 服务，完成下面的定时任务。
(1) 每隔 2 分钟执行一次 clear。
(2) 在上午 6 点到 8 点的第 5 和第 20 分钟执行 clear。
(3) 每周一上午 6 点到 8 点的第 10 和第 40 分钟执行 clear。
3. 每天 22:00～23:00 每隔 5 分钟重启 ftp 服务。

📖 **习题**

一、选择题

1. 怎样调用 at 命令来提交一个需要在将来执行的任务？（　　　）
   A. at 执行后将提示输入要执行的命令和希望运行的时间
   B. at［时间］，时间是希望运行命令的时间，将提示输入要执行的命令
   C. at［时间］［命令］，将在特定时间运行指定命令
   D. at［命令］执行后，将提示输入希望运行的时间

2. 关于进程调度命令，（　　　）是不正确的。
   A. 当日晚 11 点执行 clear 命令，使用命令 at 23:00 today clear
   B. 每年 1 月 1 日早上 6 点执行 date 命令，使用命令 at 6am Jan 1 date
   C. 每日晚 11 点执行 date 命令，crontab 文件中应添加 0 23 * * * date
   D. 每小时执行一次 clear 命令，crontab 文件中应添加 0 */1 * * * clear

二、简答题

1. 描述 Centos7 的启动流程。
2. 描述完成计划任务命令 at 和 crontab 的区别。
3. 按照要求书写 at 命令。
   (1) 6 月 30 日上午 10 点执行文件 job1 中的作业。
   (2) 在今天 18:30 执行 date 命令，并将结果放到/backup/test 文件中。
4. 设置 crontab 调度，要求如下。
   (1) 每天上午 8 点 30 分查看系统的进程状态，并将查看结果保存于 ps.log。
   (2) 每周星期三上午 10 点执行命令 ls -al/home＞two.txt。
   (3) 每隔 3 个月的 1 号零时查看正在使用的用户列表。
   (4) 每月 1 号、5 号的 2 点 20 分执行命令 reboot。

第 9 章　web 服务的安装与配置

9.1 **必备知识**

9.1.1　web 服务

　　万维网(world wide web，WWW)服务器，也称为 web 服务器，主要功能是提供信息浏览服务。web 服务是互联网服务中最重要的服务之一。我们平时上网打开网页浏览信息，都依赖于此服务。目前不论是小企业还是大公司，几乎都要部署这个服务，可以说它是一个应用非常广泛的服务。万维网是由无数个网络站点和网页组成的集合，是 internet 最主要的部分。通过 web 服务器提供的 web 服务，可以使用 HTTP 协议访问 web 服务器上提供的包含文字、图像、影音多媒体等各种数据的网页资源。目前主流的 web 服务器软件包括 Apache、Nginx、Lighttpd、IIS、Tomcat、WebLogic 等。

　　web 服务采用的是典型的客户机与服务器模式(C/S 模式)。web 服务器使用超文本传输协议(HTTP 协议)与客户端浏览器交换信息，并为互联网用户提供服务(浏览信息、下载资源等)。web 服务器的工作流程可以分为以下四个步骤。

　　(1) 连接过程：web 服务器与浏览器之间建立连接。

　　(2) 请求过程：web 浏览器向服务器发出各种请求。

　　(3) 响应过程：在请求过程中发出的请求通过 HTTP 协议传输到 web 服务器，然后 web 服务器进行任务处理。处理完成后，web 服务器通过 HTTP 协议将任务处理的结果传送到网络浏览器，并且在网络浏览器上显示所请求的结果，即显示请求到的网页。

　　(4) 关闭连接：web 服务器与浏览器的数据传输结束后，断开连接。

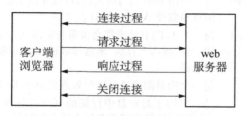

图 9-1　web 服务器的工作原理

9.1.2　Apache 服务

Apache 是 Apache 软件基金会的一个开放源代码的网页服务器,可以在大多数计算机操作系统中运行。Apache 拥有以进程为基础的结构,进程要比线程消耗更多的系统开支,不太适合多处理器环境。因此,在一个 Apache web 站点扩容时,通常需要增加服务器或扩充集群节点而不是增加处理器。到目前为止 Apache 仍然是世界上用得最多的 web 服务器,市场占有率达 60%左右。世界上很多著名的网站如 Amazon、Yahoo! 等都是 Apache 的产物,它的成功之处主要在于它的源代码开放、有一支开放的开发队伍、支持跨平台的应用(可以运行在几乎所有的 Unix、Windows、Linux 系统平台上)以及具有可移植性等方面。Apache web 服务器软件拥有以下特性。

(1) 支持最新的 HTTP/1.1 通信协议。

(2) 拥有简单而强有力的基于文件的配置过程。

(3) 支持通用网关接口。

(4) 支持基于 IP 和基于域名的虚拟主机。

(5) 支持多种方式的 HTTP 认证。

(6) 集成了 Perl 处理模块。

(7) 集成了代理服务器模块。

(8) 支持实时监视服务器状态和定制服务器日志。

(9) 支持服务器端包含指令(SSI)。

(10) 支持安全 socket 层(SSL)。

(11) 提供用户会话过程的跟踪。

(12) 支持 FastCGI。

(13) 通过第三方模块可以支持 JavaServlets。

Apache HTTP 服务器是一个模块化的服务器,通过不同的模块提供各种功能。表 9-1 列出了 Apache 的相关模块。

表 9-1　Apache 的相关模块

模块名称	功能
SSO 模块——LemonLDAP	Apache 实现了 web SSO 的模块,可处理超过 20 万的用户请求
并发限制模块——limitipconn	用来限制每个 IP 的并发连接数。支持 Apache 1. x 和 Apache 2. x
日志监控模块——Apache Live Log	是一个用 Perl 编写的模块,可以在浏览器上直接实时地通过 Ajax 技术浏览和监控 Apache 的日志文件
负载平衡模块——mod_backhand	每一个 HTTP 请求都会被重新定向到一个 Apache 服务器集群中,并利用一套"候选人算法"来选择最适合响应的服务器,然后将请求定向至该服务器
图像处理模块——mod_gfx	是一个能对图像进行即时处理的 Apache 模块,提供了很多灵活的接口
压缩模块——mod-gzip-disk	是一个用于对磁盘中存储的页面进行预压缩的 Apache 模块,与 mod-gzip 不同的是不需要在每次请求的时候重新压缩
音乐模块——mod_musicindex	是一个 Apache 用来处理音频文件的模块,类似于 Perl 的 Apache::MP3,支持的音频格式包括 MP3、Ogg Vorbis、FLAC、MP4/AAC,可根

（续表）

模块名称	功能
	据不同的音频属性进行列表排序、在线播放、下载、构建播放列表和搜索等，提供 RSS 和 Podcast 输出，支持多 CSS 和包下载
LDAP 认证模块	LDAP 是轻量级目录访问协议，基于 X.500 标准，但更简单，并可根据需要进行定制。mod_psldap 是 Apache 用来执行 LDAP 认证和授权的模块。同时可通过 web 界面进行简单的 LDAP 管理
带宽限制模块——mod_cband	是一个用来限制请求占用带宽的 Apache 模块

9.1.3　Nginx 服务

Nginx(engine x)是一个高性能的 web 服务器的反向代理服务器，同时也提供了 IMAP/POP3/SMTP 服务。Nginx 是由伊戈尔·赛索耶夫为俄罗斯访问量第二的 Rambler.ru 站点（俄文：Рамблер）开发的，第一个公开版本 0.1.0 发布于 2004 年 10 月 4 日。

Nginx 将源代码以类 BSD 许可证的形式发布，因具稳定性、丰富的功能集、简单的配置文件和低系统资源消耗而闻名。Nginx 的优点有很多，例如，Nginx 可以在大多数 Unix 和类 Unix 上编译运行，并且还有 Windows 移植版。在连接高并发的情况下，Nginx 是 Apache 服务器不错的替代品；Nginx 作为虚拟主机常选择的软件平台之一，能够支持高达 50 000 个并发连接数的响应。其特点是占用的内存少，并发能力强。事实上 Nginx 的并发能力在同类型的网页服务器中表现较好。中国大陆使用 Nginx 的有百度、京东、新浪、网易、腾讯、淘宝等。

Nginx 与 Apache 一样，也采用的是模块化设计，Nginx 模块分为两类：内置模块和第三方模块。其中，内置模块包括主模块与事件模块。表 9-2 给出的模块为默认自动编译的模块，可以使用--without 参数禁用。第三方模块这里没有列出，读者可以自行查阅资料。编译 Nginx 时可以通过--add-module＝/path/modulel 的方式编译第三方模块。

表 9-2　Nginx 默认自动编译的模块

模块名称	功能描述	禁用选项
Core	Nginx 核心功能模块	without-http
Access	基于 IP 的访问控制模块	without-http_access_module
Auth Basic	HTTP 用户认证模块	without-http_auth_basic_module
Auto Index	自动目录索引模块	without-http_autoindex_module
Browser	描述用户代理模块	without-http_charset_module
Charset	重新编码网页模块	without-http_charset_module
Empty GIF	内存中存放一个图片	without-http_empty_git_module
Fast CGI	支持 FastCGI	without-http_fastcgi_module
Geo	支持 IP 变量设置	without-http_geo_module
Gzip	Gzip 压缩	without-http_gzip_module
Limit Requests	限制客户端连接频率	without-http_limit_req_module

9.1.4　正向代理与反向代理

如果我们要访问一个网站,并设置为代理访问,则意思就是找一个"中间人(代理服务器)"去访问,然后把结果返回给我们,我们不直接访问。现实生活中这样的例子非常多,如房屋中介、VPN 等。代理的特点是,代理服务器替用户访问目标服务器,目标服务器感知不到用户,只知道代理服务器在访问它,这种代理称为正向代理,如图 9-2 所示。

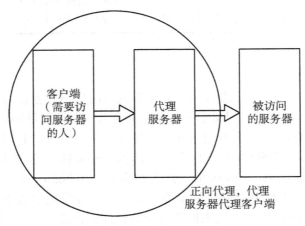

图 9-2　正向代理示意图

反向代理与正向代理相反,代理服务器代理的是被访问的目标服务器,用户只是访问了代理服务器的 IP,并不知道真正的目标服务器在哪里,如图 9-3 所示。

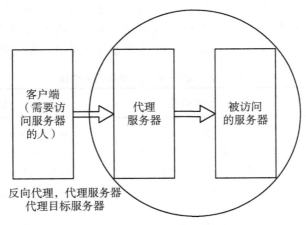

图 9-3　反向代理示意图

根据以上内容可以总结出代理的特点如下。

(1) 安全:使用代理可以提高服务器和客户端的安全性,阻止不法分子的部分恶意活动。

(2) 隐私性:使用代理可以隐藏客户端或者目标服务器的 IP 地址,防止信息泄露。

(3) 可靠性:使用代理可以提高访问的可靠性。

(4) 提高访问速度:代理服务器在某些情况下可以提高客户端访问其他服务器的速度。

9.1.5　Apache 服务与 Nginx 服务的对比

Nginx 和 Apache 都可以作为 web 服务器为客户端提供 web 服务,但是各自的优缺点和应用场景不同,本书根据目前的应用情况做出如下总结,供读者参考。

(1) Nginx 与 Apache 两者处理请求的模型不同,Nginx 的并发能力更强,对资源的需求更少。

(2) Nginx 本身是一个反向代理服务器,支持 7 层负载均衡。

(3) Nginx 配置文件简洁,运行效率高,占用的资源少,代理功能强大,很适合作为前端响应服务器。

(4) Apache 相对于 Nginx 的优点:模块多,bug 相比 Nginx 少,稳定。

(5) 实际应用中,Nginx 与 Apache 结合使用更好。Nginx 的负载能力强,静态处理性能高,可以用作前端做负载均衡、静态文件缓存;Apache 相对较稳定,可用作后端处理动态请求。

9.2　实训练习

9.2.1　Apache 服务的安装

一般情况下,Centos7 默认不安装 Apache 服务,可使用命令行的方式安装 Apache 服务。在此之前,先要配置好 YUM 源(公有源或者私有源),之后可按照如下步骤操作。

(1) 确保有 root 权限(使用 root 账户登录或者使用有 root 权限的账户登录)。

(2) 检查 YUM 源的配置,确定正确。

(3) 检查 Apache 是否已经安装。

```
[root@localhost~]#rpm -qa | grep httpd
```

上面的命令若没有任何输出结果即代表 Apache 服务没有安装。

(4) 如果没有安装,则使用如下命令安装。

```
[root@localhost~]#yum install -y httpd
```

(5) 启动 httpd,命令如下。

```
[root@localhost~]#systemctl start httpd
```

设置 httpd 开机自动启动的命令如下。

```
[root@localhost~]#systemctl enable httpd
```

(6) 查看 httpd 的状态,命令如下(见图 9 - 4)。

```
[root@localhost~]#systemctl status httpd
```

```
[root@localhost ~]#systemctl status httpd
● httpd.service - The Apache HTTP Server
   Loaded: loaded (/usr/lib/systemd/system/httpd.service; enabled; vendor preset: disabled)
   Active: active (running) since Tue 2022-10-25 09:01:04 CST; 6h ago
     Docs: man:httpd(8)
           man:apachectl(8)
 Main PID: 9219 (httpd)
   Status: "Total requests: 0; Current requests/sec: 0; Current traffic:    0 B/sec"
   CGroup: /system.slice/httpd.service
           ├─9219 /usr/sbin/httpd -DFOREGROUND
           ├─9311 /usr/sbin/httpd -DFOREGROUND
           ├─9313 /usr/sbin/httpd -DFOREGROUND
           ├─9314 /usr/sbin/httpd -DFOREGROUND
           ├─9315 /usr/sbin/httpd -DFOREGROUND
           └─9317 /usr/sbin/httpd -DFOREGROUND

Oct 25 09:01:04 localhost.localdomain systemd[1]: Starting The Apache HTTP Server...
Oct 25 09:01:04 localhost.localdomain httpd[9219]: AH00558: httpd: Could not reliably determine the server
Oct 25 09:01:04 localhost.localdomain systemd[1]: Started The Apache HTTP Server.
```

图 9-4　httpd 启动成功的状态

（7）在浏览器中测试是否安装成功（见图 9-5）。注意，测试的时候打开浏览器，在地址栏中输入安装的 Apache 服务器（实验环境是虚拟机）的 IP 地址。这里显示的是 Apache 的欢迎页面，预示着安装成功。

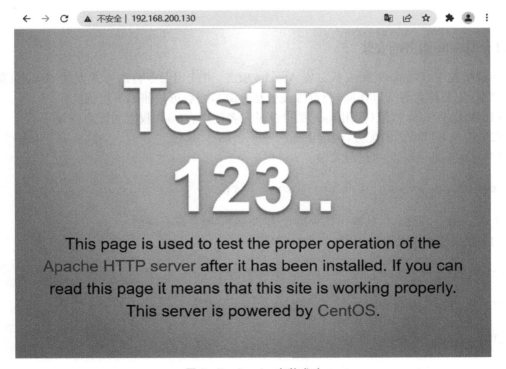

图 9-5　Apache 安装成功

9.2.2　了解 Apache 的配置目录和配置文件

由于不同的 Apache 发行版本，其配置和功能存在差异，所以在正式开始配置前，首先要查看 httpd 的版本号，使用命令 httpd -v 查看，结果如图 9-6 所示。

```
[root@CentOS ~]#httpd -v
Server version: Apache/2.4.6 (CentOS)
Server built:   Nov 5 2018 01:47:09
```

图 9-6　查看 httpd 的版本信息

在 Linux 系统中对各种服务的配置主要是修改服务对应的配置文件。Apache 服务的配置目录在/etc/httpd 目录下,包括 conf、conf. d、logs、modules 及 run 几个目录,httpd 的主配置文件是/etc/httpd/conf 目录下的 httpd. conf 文件,这个文件主要由下面的 3 个部分组成。

（1）Apache 服务器全局操作的相关指令（全局环境变量）。

（2）配置主服务器或者默认服务的指令。

（3）虚拟主机的相关设置。

httpd. conf 文件不区分大小写,在该文件中以"#"开头的行为注释行。除了注释和空行外,服务器把其他的行认作完整或部分指令。指令又分为类似于 Shell 的命令和伪 HTML 标记。指令的语法为"配置参数名称 参数值"。在 httpd. conf 配置文件里面有很多指令和参数,对于本书没有提到的指令,可以参考 httpd 的帮助文档。但是一定要注意,随着版本升级,个别指令会被替换,有一些会被删除,一定要按照版本号查看帮助文档。

表 9-3　httpd 配置文件中的部分指令及其功能

指令	指令的功能
ServerRoot	服务目录,/etc/httpd 为 Apache 的根目录
ServerAdmin	管理员邮箱
User	运行服务的用户
Group	运行服务的用户组
ServerName	网站服务器的域名,通常情况下,并不需要设定
DocumentRoot	文档根目录（网站数据目录）/var/www/html
Directory	网站数据目录的权限
Listen	监听的 IP 地址与端口号,一般在不使用 80 端口时设置
DirectoryIndex	默认的索引页页面
ErrorLog	错误日志文件
CustomLog	访问日志文件

9.2.3　使用 Apache 建立个人主页

假设申请了云主机（也可以在自己的电脑上使用虚拟机）,已经部署好 CentOS 7 系统,可以通过下面的步骤完成个人主页的搭建和配置。

（1）安装 Apache 服务器。关于 Apache 的安装可以参考前面的内容。

（2）关闭防火墙和 SELinux（见图 9-7）,以便测试系统。在测试的时候可以先关闭防火墙和 SELinux,但在生产环境中不可以这样做。

（3）创建 test-user 用户（见图 9-8）,实际应用中,根据具体的情况创建。

```
[root@CentOS ~]# vim /etc/selinux/config


# This file controls the state of SELinux on the system.
# SELINUX= can take one of these three values:
#     enforcing - SELinux security policy is enforced.
#     permissive - SELinux prints warnings instead of enforcing.
#     disabled - No SELinux policy is loaded.
SELINUX=disabled
# SELINUXTYPE= can take one of three values:
```

图 9-7 关闭 SELinux

```
[root@CentOS ~]#useradd test-user
[root@CentOS ~]#passwd test-user
Changing password for user test-user.
New password:
BAD PASSWORD: The password is a palindrome
Retype new password:
passwd: all authentication tokens updated successfully.
[root@CentOS ~]#
```

图 9-8 创建用户并修改密码

（4）创建个人空间目录 public_html 来存放个人主页（见图 9-9）。这个目录的作用是放置个人主页文件，需要为其设置权限，要求文件属主具有完全权限，其他人只能读取和执行。设置权限后，切换到 test-user 用户下操作。

```
[root@CentOS ~]#chmod 705 /home/test-user/
[root@CentOS ~]#su test-user
[test-user@CentOS root]$ cd /home/test-user/
[test-user@CentOS ~]$ mkdir public_html
[test-user@CentOS ~]$ cd public_html/
[test-user@CentOS public_html]$ touch index.html
[test-user@CentOS public_html]$ echo "test-user WebPage" > index.html
[test-user@CentOS public_html]$ cat index.html
test-user WebPage
[test-user@CentOS public_html]$
```

图 9-9 创建个人空间目录

注意，/home/test-user/public_html/index. html 文件也可以通过 Vim 编辑器创建，其中的内容可以随意写（这个文件中的内容会显示在打开的主页上）。

（5）编辑 Apache 配置文件/etc/httpd/conf. d/userdir. conf（见图 9-10）。使用 Vim 编辑器编辑配置文件/etc/httpd/conf. d/userdir. conf（注意，不是主配置文件）。UserDir 的取值为 disabled，表示不为系统用户设置个人主页，把这一行注释掉（这一行的配置不起作用）。同时，把 UserDir public_html 参数前面的"＃"去掉，UserDir 参数表示网站数据在用户家目录中的保存目录名称，即 public_html 目录。修改完毕后保存退出。

（6）重启，使修改生效。

```
[root@localhost~ ]#systemctl restart httpd
```

```
<IfModule mod_userdir.c>
    #
    # UserDir is disabled by default since it can confirm the presence
    # of a username on the system (depending on home directory
    # permissions).

    # UserDir disabled

    #
    # To enable requests to /~user/ to serve the user's public_html
    # directory, remove the "UserDir disabled" line above, and uncomment
    # the following line instead:
    #
    UserDir public_html
</IfModule>
```

图 9-10　修改 Apache 配置文件

（7）测试配置结果。注意,地址是 http://192.168.200.128/~test-user/(IP 地址要根据自己的实际网络填写,test-user 是前面创建的用户,"~"不要省略)。

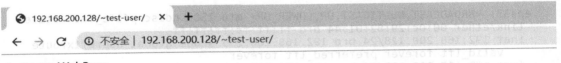

test-user WebPage

图 9-11　测试结果

9.2.4　Apache 中虚拟主机的使用

通过 Apache 的虚拟主机服务可以让一台服务器为多个 web 网站提供服务。这样做的优点是能减少设备投入和维护成本,同时也有缺点,即多个服务在一台服务器上,存在安全和不稳定因素。Apache 提供了三种实现虚拟主机的方法,分别是基于 IP 地址、基于端口和基于域名。下面分别讲解具体的操作。在开始进行下面的操作之前,因为这里使用的是测试系统,所以可以先关闭防火墙和 SELinux,方法如前所述,这里不再赘述。

1. 基于 IP 地址实现虚拟主机

使用这种方法时,必须给网卡配置 2 个或者多个 IP 地址。

（1）这里给 ens33 网卡配置 2 个 IP 地址,如图 9-12 所示。

检查 IP 地址,结果如图 9-13 所示。

（2）创建 2 个目录,并分别添加访问权限和测试主页(见图 9-14)。

（3）修改 Apache 的主配置文件,命令是 vim /etc/httpd/conf/httpd.conf,在文件的末尾添加如下内容(见图 9-15)。

```
[root@CentOS ~]# vim /etc/sysconfig/network-scripts/ifcfg-ens33

TYPE="Ethernet"
PROXY_METHOD="none"
BROWSER_ONLY="no"
BOOTPROTO=static
DEFROUTE="yes"
IPV4_FAILURE_FATAL="no"
NAME="ens33"
UUID="578ea7fa-2f1e-43d8-84d5-f99b850c11e7"
DEVICE="ens33"
ONBOOT="yes"
IPADDR0=192.168.200.128
NETMASK0=255.255.255.0
GATEWAY0=192.168.200.2
IPADDR1=192.168.200.129
NETMASK1=255.255.255.0
GATEWAY1=192.168.200.2
```

图 9-12   网卡配置文件

```
ens33: <BROADCAST,MULTICAST,UP,LOWER_UP> mtu 1500 qdisc pfifo_fast state
link/ether 00:0c:29:82:01:44 brd ff:ff:ff:ff:ff:ff
inet 192.168.200.128/24 brd 192.168.200.255 scope global noprefixroute
    valid_lft forever preferred_lft forever
inet 192.168.200.129/24 brd 192.168.200.255 scope global secondary nopr
    valid_lft forever preferred_lft forever
```

图 9-13   网卡地址查看结果

```
[root@CentOS ~]#mkdir -p /apache-test/web1
[root@CentOS ~]#mkdir -p /apache-test/web2
[root@CentOS ~]#chmod o+rx /apache-test/web1
[root@CentOS ~]#chmod o+rx /apache-test/web2
[root@CentOS ~]#echo "This is web-1" > /apache-test/web1/index.html
[root@CentOS ~]#echo "This is web-2" > /apache-test/web2/index.html
[root@CentOS ~]#
```

图 9-14   创建目录和添加权限

```
<VirtualHost 192.168.200.128:80>
        DocumentRoot /apache-test/web1
        <Directory />
                AllowOverride None
                Require all granted
        </Directory>
</VirtualHost>

<VirtualHost 192.168.200.129:80>
        DocumentRoot /apache-test/web2
        <Directory />
                AllowOverride None
                Require all granted
        </Directory>
</VirtualHost>
```

图 9-15   修改 Apache 配置文件

（4）重启 Apache 服务，命令为 systemctl restart httpd。

（5）在浏览器中测试，结果如图 9－16 所示。

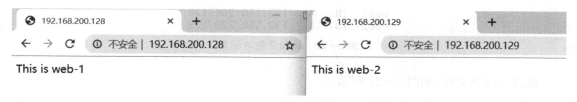

图 9－16　测试结果

2. 基于端口实现虚拟主机

这种方式使用 1 个 IP 地址即可，使用不同的端口访问不同的虚拟主机。这里使用 192.168.200.128 这个地址，端口分别是 web1 对应的 8080 端口和 web2 对应的 9090 端口。目录同前，修改主配置文件/etc/httpd/conf/httpd. conf 即可，修改如下（见图 9－17）。

```
Listen 8080
Listen 9090
```

图 9－17　httpd 主配置文件中访问端口的修改

注意图 9－18 中的变化。

```
<VirtualHost 192.168.200.128:8080>
        DocumentRoot /apache-test/web1
        <Directory />
                AllowOverride None
                Require all granted
        </Directory>
</VirtualHost>

<VirtualHost 192.168.200.128:9090>
        DocumentRoot /apache-test/web2
        <Directory />
                AllowOverride None
                Require all granted
        </Directory>
</VirtualHost>
```

这两个地址是相同的，端口号不同

图 9－18　配置文件中端口修改

重启 Apache 服务，测试结果如图 9－19 所示，注意测试的时候在地址后面要加上访问的端口号。

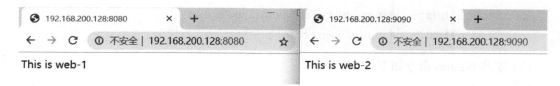

图 9－19　测试结果

3. 基于域名实现虚拟主机

这种方法需要在 DNS 服务的正向解析中添加两条 A 资源记录,如图 9 - 20 所示。

```
web1  IN   A   192.168.200.128
web2  IN   A   192.168.200.128
```

图 9 - 20　添加 2 条 A 记录

修改主配置文件,如图 9 - 21 所示。

```
<VirtualHost 192.168.200.128>
        DocumentRoot /apache-test/web1
        ServerName web1.apachetest.com
        <Directory />
                AllowOverride None
                Require all granted           这两个地方是新添加的,注意两行内容是不一样的
        </Directory>
</VirtualHost>

<VirtualHost 192.168.200.128>
        DocumentRoot /apache-test/web2
        ServerName web2.apachetest.com
        <Directory />
                AllowOverride None
                Require all granted
        </Directory>
</VirtualHost>
```

图 9 - 21　修改主配置文件

重启 Apache 服务,测试结果如图 9 - 22 所示,注意测试的时候使用域名测试。

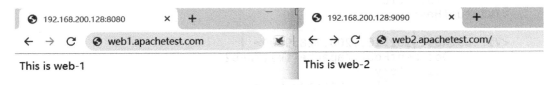

图 9 - 22　测试结果

9.2.5　Nginx 服务的安装

在 Centos7 中不能直接安装 Nginx,需要先添加扩展源 epel-release,然后才能安装,或者用源代码安装。这里介绍使用扩展源的安装方法,这种方法需要连接外网,具体操作如下。

(1)添加扩展源,命令如下。

```
[root@localhost~ ]#yum install -y epel-release
[root@localhost~ ]#yum makecache
```

(2)安装 Nginx,命令如下。

```
[root@localhost~ ]#yum install -y nginx
```

（3）启动 Nginx 服务，命令如下。

```
[root@localhost~ ]#systemctl start nginx.service
[root@localhost~ ]#systemctl enable nginx.service
```

（4）查看 Nginx 服务的状态，命令如下。

```
[root@localhost~ ]#systemctl status nginx.service
```

（5）在浏览器中测试，测试结果如图 9－23 所示。

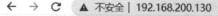

图 9－23　测试结果

9.2.6　了解 Nginx 服务的配置目录

Nginx 安装完成并启动后，默认调用的是/etc/nginx/nginx. conf 配置文件，可以使用 nginx -t 命令确认。Nginx 配置文件主要分为三个部分，其中 http 模块是配置得最频繁的部分，虚拟主机、监听端口、请求转发、反向代理、负载均衡等都在这里配置。

（1）全局设置块，主要涉及一些全局起作用的参数（见图 9－24）。

```
user nginx;
worker_processes auto;
error_log /var/log/nginx/error.log;
pid /run/nginx.pid;
```

图 9－24　全局配置参数

（2）events 设置块，主要影响 Nginx 服务器与用户的网络连接（见图 9-25）。

```
events {
    worker_connections 1024;
}
```

图 9-25　events 模块

（3）http 模块是 Nginx 核心配置模块，由若干个 server 部分和 http 全局参数组成，每个
server 又由若干个 location 部分和 server 全局参数组成。

表 9-4 列举了/etc/nginx/nginx.conf 配置文件中一些参数的意义。

表 9-4　nginx.conf 配置文件中一些参数的意义

命令	命令解释
user nobody	设置用户与组
worker_processes 1	启动的子进程数
error_log logs/error.log info	错误日志文件，以及日志级别
pid logs/nginx.pid	进程号保存文件
events{}	events 模块
worker_connections 1024	每个进程可以处理的连接数，受系统文件句柄限制
http{}	http 模块
mime.types	文件类型定义文件
sendfile on	是否调用 sendfile()进行数据复制，sendfile()复制数据是在内核完成的，所以比一般的 read()、write()更高效
tcp_nopush on	开启后服务器的响应头部信息产生独立的数据包发送，即一个响应头信息一个包
keepalive_timeout 65	保持连接的超时时间
gzip on	是否采用压缩功能，将页面压缩后传输更节省流量
server{}	server 模块
listen 80	服务器监听的端口
server_name	访问域名
charset koi8-r	编码格式，如果网页编码与此设置不同，则被自动转码
access_log	设置虚拟主机的访问日志
location/{}	location 模块，对 URL 进行匹配
root html	设置网页根路径，是相对路径
index index.html	首页文件，依次按顺序匹配
error_page 404	错误代码，对应的错误页面

9.2.7　基于端口的 Nginx 虚拟主机

这里使用 Nginx 实现基于端口的虚拟主机配置，实验中用到的 2 个目录和文件/apache-test/web1/index.html 和/apache-test/web2/index.html 参照前面的实验即可（一定要更改目录的权限），实验环境要关闭防火墙和 SELinux。这里直接给出 Nginx 配置文件的主要配置部分，在修改任何配置文件的时候，一定要先备份配置文件（最简单的方法就是把没有修改的配置文件复制到其他地方保存）。打开/etc/nginx/nginx.conf 文件，删除文件中已有的 server

部分，添加图 9 - 26 所示的 2 块 server 部分，每一块 server 部分都代表一个虚拟主机。

```
include /etc/nginx/conf.d/*.conf;
server {
    listen      8080;
    server_name  192.168.200.130;
    location / {
    root    /apache-test/web1;
    index   index.html index.htm;
    }
}
server {
    listen      9090;
    server_name  192.168.200.130;
    location / {
    root    /apache-test/web2;
    index   index.html index.htm;
    }
}
```
第一台虚拟主机配置
第二台虚拟主机配置

图 9 - 26　基于端口的 Nginx 虚拟主机配置文件

在这个配置文件中，要注意"{ }"是成对出现的，每一句配置语句结束后要写分号。测试结果如图 9 - 27 所示。

图 9 - 27　测试结果

9.2.8　Nginx 实现反向代理

下面来看如何实现 Nginx 的反向代理。如图 9 - 28 所示，192.168.200.130 是 Nginx 反向代理服务器，192.168.200.132 和 192.168.200.133 是两台 Apache（也可以是 Nginx）服务器，提供不同的网页内容供测试，只需修改/var/www/html/index.html 的内容为方框中的内容即可（两台服务器的内容要不一样）。

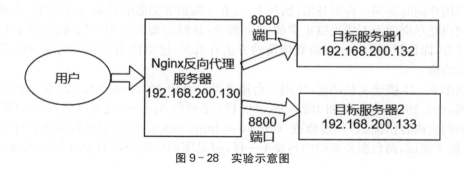

图 9 - 28　实验示意图

Nginx 反向代理服务器 192. 168. 200. 130 的配置如图 9 - 29 所示（修改配置文件/etc/nginx/nginx. conf，原有的 server 模块要删除，添加 upstream 模块）。

```
upstream t-1 {
    server 192.168.200.132:80;
}
upstream t-2 {
    server 192.168.200.133:80;
}
```
实际提供服务的服务器，被隐藏

```
server {
    listen        8080;
    server_name   192.168.200.130;
    location / {
    proxy_pass    http://t-1;
    index   index.html index.htm index.jsp
    }
}
server {
    listen        8800;
    server_name   192.168.200.130;
    location / {
    proxy_pass    http://t-2;
    index   index.html index.htm index.jsp;
    }
}
```
提供代理的服务器，
用2个端口与上面被隐藏的服务器对应

图 9 - 29　反向代理配置文件

配置完成后要重启 Nginx 服务，在浏览器的地址栏中输入图 9 - 30 中的地址，测试结果如下。

目标服务器1
192.168.200.132

目标服务器2
192.168.200.133

图 9 - 30　测试结果

9.2.9　Nginx 实现负载均衡

多位用户同时访问一台服务器（如双十一、春运购票等类似的活动），会使得一台服务器因在短时间内耗尽资源而不能提供正常的 web 服务，这时需要提供多台服务器，让它们共同分担访问任务，即负载均衡。实现负载均衡的方法有很多，这里使用 Nginx 实现 web 服务器访问的负载均衡。

根据图 9 - 31 搭建实验环境，使用三台服务器。其中 192. 168. 200. 130 是 Nginx 负载均衡服务器，192. 168. 200. 132 和 192. 168. 200. 133 是两台 Apache（也可以是 Nginx）服务器，提供不同的网页内容供测试，只需修改/var/www/html/index. html 的内容为方框中的内容即可（为了便于测试，两台服务器的内容要不一样，但是实际应用中两台服务器的内容是系统提供的)。图 9－32 给出的是 Nginx 负载均衡服务器 192.168.200.130 的配置,修改的是/etc/nginx/nginx.conf 配置文件,原有的 server 模块要删除,再添加 upstream 模块。

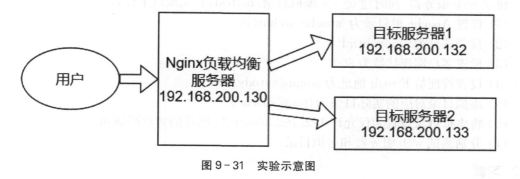

图 9－31　实验示意图

```
upstream t-1 {
      server 192.168.200.132:80;
      server 192.168.200.133:80;
}
```
提供Web服务的服务器组,可以根据实际情况添加

```
server {
      listen        80;
      server_name   192.168.200.130;
      location / {
      proxy_pass    http://t-1;
      index  index.html index.htm index.jsp;
      }
}
```
代理服务器

图 9－32　配置文件

　　测试的时候可以多次刷新访问地址,会观察到目标服务器 1 和目标服务器 2 轮回出现。这是因为 Nginx 默认的负载均衡策略是轮询,即负载均衡服务器会把收到的请求按照轮询的方式分配给服务器组中的每一台服务器。Nginx 提供的负载均衡策略有下面几种,见表 9－5。

表 9－5　Nginx 提供的负载均衡策略

策略	功能
轮询	默认方式,多台服务器间轮询,不考虑每台服务器的负载
weight	权重方式,按权重比例轮询
ip_hash	依据 IP 分配方式,每个用户会固定在同一台服务器中,以保证 session 会话
least_conn	最少连接方式,把请求转发给连接数较少的后端服务器
fair(第三方支持)	需要安装插件,按照服务器端的响应时间来分配请求
url_hash(第三方支持)	按访问 URL 的 hash 结果来分配请求

　　每种策略都是 Nginx 中的算法实现的,在实际应用的时候,要根据具体的情况设置 Nginx 负载均衡策略。

拓展实训

建立 web 服务器,同时建立一个虚拟目录/mytest,并完成以下设置。

(1) 设置 Apache 根目录为/apache/webhtml。

(2) 设置首页为 study. html。

(3) 设置客户端连接数为 500。

(4) 设置管理员 E-mail 地址为 admin@study. com。

(5) 虚拟目录对应的实际目录为/root/apache。

(6) 将虚拟目录设置为仅允许 192. 168. 100. 0/24 网段的客户端访问。

(7) 分别测试 web 服务器和虚拟目录。

习题

一、选择题

1. Apache 服务器是( )。

   A. DNS 服务器　　　　B. FTP 服务器　　　　C. web 服务器　　　　D. mail 服务器

2. 下列哪个程序不能提供 web 服务( )。

   A. Apache　　　　　　B. IIS　　　　　　　　C. DHCP　　　　　　D. Nginx

3. 在配置 Apache 服务时,用来设定当服务器产生错误时,显示在浏览器上的管理员的 E-mail 地址的是( )。

   A. Servername　　　　B. ServerAdmin　　　　C. ServerRoot　　　　D. DocumentRoot

4. 下列属于 Nginx 优点的是( )。

   A. 跨平台　　　　　　B. 成本低廉,且开源　C. 稳定性高　　　　　D. 以上都是

二、填空题

1. web 服务器使用的协议是_____,默认的工作端口是_____。

2. 在 Linux 平台上,搭建动态网站的组合,可以使用最为广泛的_____和_____。

3. 配置 Apache 服务时,主配置文件中的 DocumentRoot 指令的功能是_____,默认的值是_____。

4. 写出三种 Nginx 的应用场景:_____、_____、_____。

三、简答题

1. 什么是正向代理和反向代理? 描述其工作过程。

2. 分析 Apache 和 Nginx 的异同点。

3. Apache 虚拟主机有哪几种实现技术?

4. 什么是 CDN 服务?

第 10 章　数据库服务的安装与配置

知识必备

互联网发展的速度很快,而其中的数据已经成为各个企业单位的重要资产。对于数据,不仅要安全地保存,而且要快速地存储和读取。实现这个目标的方法有很多,例如,借助存储架构,配合存储硬件和软件,就能实现不同业务对数据不同的需求。本章将介绍在 Linux 系统上非常受欢迎的数据库软件 MySQL。

MySQL 是一个关系型数据库(RDBMS),区别于非关系型数据库(NoSQL),由瑞典的 MySQL AB 公司开发,2008 年该公司被 Sun 公司收购,而 Sun 公司在 2009 年被 Oracle 公司收购,目前 MySQL 属于 Oracle 公司。MariaDB 是 MySQL 的开源社区产品,完全兼容 MySQL,接下来本书以 MariaDB 为例,介绍数据库的安装与配置。

MariaDB 数据库有以下一些重要特性。

(1) MariaDB 在 GPL、LGPL 和 BSD 下开源。

(2) MariaDB 有各种存储引擎,包括高性能存储引擎,用于与其他 RDBMS 数据源一起工作。

(3) MariaDB 使用标准和流行的查询语言。

(4) MariaDB 在多个操作系统上运行,并支持各种各样的编程语言。

(5) MariaDB 提供对 PHP 的支持,PHP 是最流行的 web 开发语言之一。

(6) MariaDB 提供 Galera 集群技术。

(7) MariaDB 提供了许多在 MySQL 中不可用的操作和命令,并消除/取代影响性能的功能。

在学习 MariaDB 数据库之前,必须要知道与数据库相关的一些术语,这里总结如下。

(1) database:数据库,是由保存相关数据的表组成的数据源。

(2) table:表,是包含数据的矩阵。

(3) column:字段,是表示数据元素的列,保存了一种类型的数据的结构,如姓名等。

(4) row:记录,是表示数据元素的行,也是对相关数据进行分组的结构。

(5) Orimary key:唯一的标识值,此值不能在表中出现两次,并且只有一行与其关联。

(6) index:索引,类似于书的索引。

对于数据库、表、字段和记录的增加、删除、修改和查询等具体的功能和操作,这里不做介绍。

10.2 实训练习

10.2.1 MariaDB 数据库的部署与初始化

配置好 YUM 源（网络源和扩展源）后，可直接使用 yum 命令安装 MariaDB，命令如下。

```
[root@localhost~ ]#yum install -y mariadb-server
```

开启 MariaDB 服务，并设置为开机启动，命令如下。

```
[root@localhost~ ]#systemctl start mariadb
[root@localhost~ ]#systemctl enable mariadb
[root@localhost~ ]#mysql_secure_installation
```

运行上面的数据库初始化命令后，按图 10-1～图 10-3 进行数据库的初始化配置。

```
Enter current password for root (enter for none): █
```
这里输入数据库超级管理员root的密码，注意不是操作系统root的密码，
第一次进入数据库，若没有设置超级用户密码，则密码为空，直接按回车

```
Set root password? [Y/n]      输入y
New password:
Re-enter new password:        2次输入的密码要一致
```

图 10-1　MariaDB 初始化(1)

Remove anonymous users? [Y/n] █ 输入y，移除匿名用户，增强安全性

Disallow root login remotely? [Y/n] █ 输入n，拒绝root用户远程登录

Remove test database and access to it? [Y/n] █ 输入y，输出test数据库，增强安全性

Reload privilege tables now? [Y/n] █ 输入y，重新加载权限

图 10-2　MariaDB 初始化(2)

```
[root@CentOS ~]# mysql -u root -p
Enter password: 这里输入初始化时设置的密码
Welcome to the MariaDB monitor.  Commands end with ; or \g.
Your MariaDB connection id is 9
Server version: 5.5.60-MariaDB MariaDB Server

Copyright (c) 2000, 2018, Oracle, MariaDB Corporation Ab and others.

Type 'help;' or '\h' for help. Type '\c' to clear the current input statement.

MariaDB [(none)]> █ 登录成功
```

图 10-3　MariaDB 初始化(3)

上面的初始化配置完成之后,输入 mysql -u root -p(这里输入密码,不要带括号)命令登录 MariaDB(见图 10 - 3)。

到此 Mariadb 的安装与出初始化结束。

10.2.2　MariaDB 数据库 root 密码重置(忘记 root 密码)

如果设置完 MariaDB 的 root 密码后忘记了,可以使用下面的方法进行密码初始化,注意必须在 root 账户下操作。

(1) 关闭 MariaDB 服务,命令如下。

```
[root@localhost~ ]#systemctl stop mariadb.service
```

(2) 修改 MariaDB 服务配置文件/etc/my. cnf,在这个文件的[mysqld]下面添加 skip-grant-tables 这一行,表示跳过权限列表,并保存(见图 10 - 4)。

```
[root@CentOS ~]#vim /etc/my.cnf

[mysqld]
datadir=/var/lib/mysql
socket=/var/lib/mysql/mysql.sock
# Disabling symbolic-links is recommended to prevent assorted security risks
symbolic-links=0
# Settings user and group are ignored when systemd is used.
# If you need to run mysqld under a different user or group,
# customize your systemd unit file for mariadb according to the
# instructions in http://fedoraproject.org/wiki/Systemd
skip-grant-tables    注意这个位置, 不能添加到[mysqld_safe]下面
[mysqld_safe]
```

图 10 - 4　修改配置文件

(3) 重新启动 MariaDB 服务,命令如下。

```
[root@localhost~ ]#systemctl start mariadb.service
```

(4) 使用 mysql -u root -p 直接登录,不用输入密码,按回车跳过。进入 MariaDB 后,执行图 10 - 5 所示方框中的命令。

```
MariaDB [(none)]> use mysql
Reading table information for completion of table and column names
You can turn off this feature to get a quicker startup with -A

Database changed
MariaDB [mysql]> update mysql.user  set  Password=password('111111')  where User='root';
Query OK, 0 rows affected (0.00 sec)
Rows matched: 4  Changed: 0  Warnings: 0

MariaDB [mysql]> exit
```

图 10 - 5　修改配置文件

(5) 退出 MariaDB 后,去掉配置文件/etc/my. cnf 末尾添加的 skip-grant-tables,然后保存,重启 MariaDB 服务。

（6）用新密码验证是否能成功登录。

10.2.3　MariaDB 数据库简单优化

对于不同的业务，数据库的优化配置是不同的，这里只给出优化思路和参考配置。

1.　提升硬件配置

提升硬件配置，主要包括更换强大的 CPU、增加内存、提高硬盘的性能（使用 SSD 固态硬盘、RAID 等）、更换高性能服务器等。这种方式见效快，但是需要费用较高。

2.　优化操作系统

数据库软件是运行在操作系统上的（MariaDB 运行在 Linux 上），操作系统的内核参数和系统设置，会直接影响安装在其上的数据库的运行效率，所以优化操作系统和配置合理参数是非常重要的。

3.　合理的存储架构

必须要根据所使用的服务及其规模来规划合理的存储架构，合理的存储架构不仅可以提升整个 IT 系统的效率（包括数据库系统），还可以提升安全性、稳定性、易操作性和易扩展性。

4.　MariaDB 数据库配置的优化

从理论上来说，默认情况下 MariaDB 数据库每秒可以处理 2 000 次左右的查询。合理地修改配置文件，可以增加每秒的查询量。对于配置文件的修改，一方面要借助数据库理论基础知识，另一方面要熟悉各个参数的作用。

10.2.4　部署 LAMP 环境，并运行一个动态网址

LAMP 是几个软件名称的首字母缩写，分别是 Linux 操作系统，Apache 网页服务器，MariaDB 或 MySQL 数据库管理系统，PHP、Perl 或 Python 脚本语言。与 Java/J2EE 架构和微软的.NET 架构相比，LAMP 具有 web 资源丰富、轻量、开发快速、通用、跨平台、性能好、价格低的优势，因此成为很多企业搭建网站的首选平台。

下面来搭建这样一个平台，并简单地运行一个动态网站。

（1）关闭防火墙、SELinux，配置 YUM 源（公有源和扩展源，参考前面的章节）。

（2）目前使用的是 CentOS 7，Apache 在前面已经部署过，可参考前面的章节。

（3）数据库 MariaDB 在这一章的开始已经部署。

（4）通过 yum 命令安装 php，命令如下（见图 10 - 6）。

```
[root@localhost~ ]#yum install -y php php-pdo php-mysql
```

```
[root@localhost ~]# yum install -y php php-pdo php-mysql
Loaded plugins: fastestmirror
Loading mirror speeds from cached hostfile
 * base: mirrors.aliyun.com
 * extras: mirrors.aliyun.com
 * updates: mirrors.aliyun.com
CentOS7-dvd                                                                    | 3.6 kB  00:00:00
base                                                                           | 3.6 kB  00:00:00
extras                                                                         | 2.9 kB  00:00:00
updates                                                                        | 2.9 kB  00:00:00
Resolving Dependencies
--> Running transaction check
---> Package php.x86_64 0:5.4.16-48.el7 will be installed
--> Processing Dependency: php-common(x86-64) = 5.4.16-48.el7 for package: php-5.4.16-48.el7.x86_64
--> Processing Dependency: php-cli(x86-64) = 5.4.16-48.el7 for package: php-5.4.16-48.el7.x86_64
---> Package php-mysql.x86_64 0:5.4.16-48.el7 will be installed
---> Package php-pdo.x86_64 0:5.4.16-48.el7 will be installed
--> Running transaction check
```

图 10 - 6　安装 PHP 及其依赖软件包

查看版本,确认是否安装成功(见图 10 – 7)。

```
[root@localhost ~]#php -v
PHP 5.4.16 (cli) (built: Apr  1 2020 04:07:17)
Copyright (c) 1997-2013 The PHP Group
Zend Engine v2.4.0, Copyright (c) 1998-2013 Zend Technologies
[root@localhost ~]#
```

图 10 – 7 查看 PHP 的版本

(5) 配置 Apache 支持解析 PHP,修改/etc/httpd/conf/httpd. conf 文件,如图 10 – 8 所示。

```
<IfModule dir_module>
    DirectoryIndex index.html index.php   添加这一项
</IfModule>
```

图 10 – 8 修改/etc/httpd/conf/httpd. conf 文件

(6) 创建测试网页(不用之前的,要重新创建),命令如下。

```
#echo "< ? php phpinfo(); ? > " > /var/www/html/index.php;
```

(7) 重启 Apache 服务,命令如下。

```
[root@localhost~ ]#systemctl restart httpd
```

(8) 打开浏览器,在地址栏中输入服务器地址,测试结果如图 10 – 9 所示。本页面是 PHP、Apache 和数据库软件安装成功的测试页面,读者可以下载网络中一些关于 PHP 开发的测试网站,进行更多的测试。

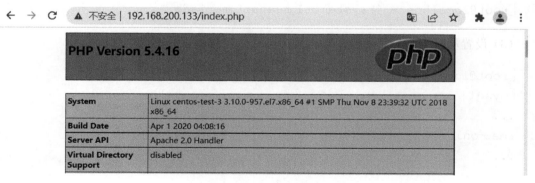

图 10 – 9 测试结果

拓展实训

下面是 MariaDB 的主从服务器配置过程,配置过程不完整,根据描述,查阅相关资料,完成配置任务。

分别在两台 CentOS 7 虚拟机上部署 MariaDB,主数据库服务器 IP 为 192. 168. 100. 10,

从服务器 IP 为 192.168.100.11。从服务器通过调取主服务器上的 binlog 日志,在本地重建库和表,实现与主服务器的主从复制。

操作步骤如下。

(1) 配置主服务器。log_bin 用于启用 binlog 日志,并指定文件名前缀,server_id 用于指定服务器 ID。

```
[root@localhost~ ]#vim/etc/my.cnf
[mysql]
log_bin= c235-bin
server_id= 68
```

然后重启 MariaDB。

```
[root@localhost~ ]#systemctl restart mariadb
```

(2) 配置从服务器。这里的 server_id 不能与主服务器的 ID 相同,Slave-net-timeout 用于指定当主、从服务器的连接中断时,重新建立连接的超时时间。

```
[root@localhost~ ]#vim /etc/my/cnf
[mysql]
log_bin= c238-bin
server_id= 69
slave-net-timeout= 60
```

然后重启 MariaDB。

```
[root@localhost~ ]#systemctl restart mariadb
```

(3) 设置从服务器为只读模式。

```
[root@localhost~ ]#vim /etc/my.cnf
[mysql]
...
read-only= 1
...
```

然后重启 MariaDB。

```
[root@localhost~ ]#systemctl restart mariadb
```

习题

一、填空题

1. MariaDB 数据库是_____数据库(关系型/非关系型),目前属于_____公司。

2. 使用 yum 命令安装 MariaDB 数据库的命令是＿＿＿＿＿＿＿。

3. LAMP 是目前非常流行的"解决方案包"，主要功能是＿＿＿＿＿＿＿，它由 4 个软件名的首字母组成，这 4 个软件分别是＿＿＿＿＿＿＿、＿＿＿＿＿＿＿、＿＿＿＿＿＿＿、＿＿＿＿＿＿＿。

二、简答题

1. 查阅资料，简述关系型和非关系型数据库的区别。

2. 简述使用 LAMP 平台的优势。

第 11 章　文件共享服务

11.1 必备知识

11.1.1　FTP 的工作原理

FTP(file transfer protocol,文件传输协议),在网络中的应用已经有很长的时间,目前仍然流行。FTP 采用 C/S(客户端/服务器)模式,允许用户便捷地上传和下载文件。在 Linux 系统中实现 FTP 功能时常用的软件是 vsFTP。

FTP 基于 TCP 连接传输文件,根据建立连接的方式不同,FTP 的工作模式分为主动模式(PORT)和被动模式(PASV),即服务器是主动还是被动地与客户端建立数据连接。主动模式下,客户端使用随机端口 N(编号一般大于 1024,为了讲解方便把这个端口称为 N 端口)发送 PORT 命令到服务器 21 端口建立连接,这个连接称为控制连接,只传输控制信号。之后如果需要传输数据,服务器 20 端口会主动与客户端 $N+1$ 端口建立连接,这个连接称为数据连接,只进行数据的传输,数据传送完成后,自动断开连接。被动模式下,控制连接的建立和主动模式相同,数据连接的建立不同。当需要传输数据时,客户端通过控制连接告知服务器使用被动模式,服务器发送编号大于 1024 的端口 P(假定为 P 端口)给客户端,客户端使用 $N+1$ 端口与服务器端的 P 端口建立数据连接,连接完成后就可以进行数据传输了。不论哪种模式,控制连接始终是打开的,数据连接只有传输数据时才建立,数据传输完毕后,先关闭数据连接,再关闭控制连接。

访问文件资源需要用户验证身份,FTP 的用户有以下三类。

(1) 匿名用户:用户名为 anonymous,不需要密码,可以直接访问 FTP 资源。

(2) 本地用户:使用 Linux 操作系统中的用户名和密码进行身份验证。

(3) 虚拟用户:只能使用 FTP 资源,不能登录 Linux 系统的特殊账户。

vsftpd 有两个文件(黑名单文件和白名单文件)可以对用户进行 ACL 控制,/etc/vsftpd/ftpusers 默认是一个黑名单文件,存储在该文件中的所有用户都无法访问 FTP,格式为每行一个账户名称。/etc/vsftpd/user_list 文件会根据主配置文件中配置项设定的不同而成为黑名单文件或白名单文件,也可以禁用该文件。主配置文件中的 userlist_enable 决定了是否启用 user_list 文件,如果启用,还需要根据 userlist_deny 来决定该文件是黑名单文件还是白名单文件,如果 userlist_deny=YES,则该文件为黑名单文件,如果 userlist_deny=NO,则该文件为白名单文件。需要注意的是,黑名单表示仅拒绝名单中的账户访问 FTP,也就是说,其他所有的账户默认允许访问 FTP。而白名单表示仅允许白名单中的账户访问 FTP,没有在白名单中的其他所有账户则默认拒绝访问 FTP。

vsFTP 安装完成之后,可以对照表 11-1 查看对应的配置目录和文件。

表 11-1　vsFTP 配置目录和文件

配置目录和文件	作用
/etc/logrotate. d/vsftpd	日志轮转备份配置文件
/etc/pam. d/vsftpd	基于 PAM 的 vsftpd 验证配置文件
/etc/rc. d/init. d/vsftpd	vsftpd 启动脚本
/etc/vsftpd	vsftpd 配置主目录
/etc/vsftpdd/ftpusers	默认的 vsftpd 黑名单
/etc/vsftpd/user_list	可以通过主配置文件设置该文件为黑名单文件或白名单文件
/etc/vsftpd/vsftpd. conf	vsftpd 主配置文件

vsFTP 配置文件默认位于/etc/vsftpd 目录下,vsftpd 会自动寻找以. conf 结尾的配置文件,并使用此配置文件启动 FTP 服务。配置文件的格式为选项＝值,中间不能有任何空格符,以 # 开头的行会被识别为注释行。下面给出了 vsftpd 的主要配置选项及其对应的含义,在后续实训练习部分,可以参考表中的配置。

表 11-2 给出的是 vsFTP 主配置文件的全局参数。

表 11-2　vsFTP 主配置文件的全局参数

选项	功能
listen＝YES	是否监听端口,独立运行守护进程
listen_port＝21	监听入站 FTP 请求的端口号
write_enable＝YES	是否允许写操作命令,全局开关
download_enable＝YES	如果设置为 NO,则拒绝所有下载请求
dirmessage_enable＝YES	用户进入目录时是否显示消息
xferlog_enable＝YES	是否开启 xferlog 日志功能
xferlog_std_format＝YES	xferlog 日志文件格式
connect_from_port_20＝YES	使用主动模式连接,启用 20 端口
pasv_enable＝YES	是告启用被动模式连接,默认为被动模式
pasv_max_port＝24600	被动模式连接的最大端口号
pasv_min_port＝24500	被动模式连接的最小端口号
userlist_enable＝YES	是否启用 userlist 用户列表文件
userlist_deny＝YES	是否禁止 userlist 文件中的账户访问 FTP
max_clients＝2000	最多允许同时 2 000 个客户端连接,0 代表无限制
max_per_ip＝0	每个客户端的最大连接数限制,0 代表无限制
tcp_wrappers＝YES	是否启用 tcp_wrappers
guestenable＝YES	如果为 YES,则所有非匿名登录都映射为 guest_username 指定的账户
guest_username＝ftp	设定来宾账户
user_config_dir＝/ete/vsftpd/conf	指定目录,在该目录下可以为用户设置独立的配置文件与选项
dual_log_enable＝NO	是否启用双日志功能,生成两个日志文件

表 11-3 给出的是 vsFTP 主配置文件中匿名用户参数。

表 11 - 3　vsFTP 主配置文件中匿名用户参数

选项	功能
anonymous_enable＝YES	是否开启匿名访问功能,默认开启
anon_root＝/var/ftp	匿名访问 FTP 的根路径,默认为/var/ftp
anon_upload_enable＝YES	是否允许匿名账户上传,默认禁止
anon_mkdir_write_enable＝YES	是否允许匿名账户创建目录,默认禁止
anon_other_write_enable＝YES	是否允许匿名账户进行其他所有写操作
anon_max_rat＝0	匿名数据传输率,B/s
anon_umask＝077	匿名上传权限掩码

表 11 - 4 给出的是 vsFTP 主配置文件中本地用户参数。

表 11 - 4　vsFTP 主配置文件中本地用户参数

选项	功能
local_enable＝YES	是否启用本机账户 FTP 功能
local_max_rat＝0	本地账户数据传输率,B/s
local_umask＝077	本地账户权限掩码
chroot_local_user＝YES	是否禁用本地账户根目录,默认为 NO
local_root＝/ftplcommon	本地账户访问 FTP 根路径

11.1.2　NFS 服务

NFS(network file system,网络文件系统)是 Sun 公司在 1984 年开发出来的可实现将跨主机系统共享文件挂载到本地主机的系统,这样可以把远程服务器或者主机的存储空间挂载到本地的计算机,使用起来更加方便,这也是 NFS 较 FTP 的一大优势。NFS 有下面几个特点。

(1) 提供透明文件访问以及文件传输。

(2) 容易扩充新的资源或软件,不需要改变现有的工作环境。

(3) 高性能,可灵活配置。

NFS 常见的应用场景如下。

(1) 多个机器共享一台 CDROM 或其他设备。

(2) 在大型网络中,配置一台中心 NFS 服务器,用来放置所有用户的 home 目录,这样会更便利。

(3) 不同客户端可共享 NFS 服务器存储空间,节省本地空间。

(4) 在本地客户端完成的工作数据,可以备份保存到 NFS 服务器上。

NFS 使用客户端/服务器架构。NFS 通过 RPC(remote procedure call,远程过程调用)协议传输文件或信息。RPC 是能使客户端执行其他系统中程序的一种机制。RPC 服务最主要的功能就是记录每个 NFS 功能所对应的端口(NFS 服务较多,没有固定端口),NFS 启动的时候,会自动向 RPC 服务器注册,把自己各个功能使用的端口提供给 RPC。RPC 工作于固定端口 111,当客户端向 NFS 服务发出请求时,客户端则会访问服务器 RPC 的 111 端口,RPC 此时会将 NFS 工作端口返回给客户端。

NFS 服务通过读取/etl/exports 配置文件来完成正常的工作。/etl/exports 配置文件中一条完整的共享条目语法格式如下：共享路径　客户端主机 1（选项）　客户端主机 2（选项）……。客户端主机可以是 1 个或者多个，客户端主机地址可以是具体的 IP 地址，也可以是一个网段，例如，192.168.200.0/24。每个客户端主机后面的括弧中可以指定权限，没有指定选项时，NFS 将使用默认设置：ro、sync、wdelay、rootsquash。具体的 NFS 选项及其对应的功能见表 11－5。

表 11－5　NFS 选项及其功能

选项	功能
ro	只读共享
sync	同步写操作
wdelay	延迟写操作
no_root_squash	不屏蔽远程 root 权限
rw	可读可写共享
async	异步写操作
root_squash	屏蔽远程 root 权限
all_squash	屏蔽所有远程用户权限

ro 与 rw 用来定义客户端访问共享时的权限是只读还是可读写。计算机对数据进行修改时会先将修改的内容写入快速的内存，随后才慢慢写入慢速的硬盘设备中，async 选项允许 NFS 服务器在没有完全把数据写入硬盘前就返回成功消息给客户端，而此时数据实际还存放在内存中，但客户端显示数据已经成功写入。注意，该选项仅影响操作消息的返回时间，并不决定如何进行写操作。sync 选项将确保在数据真正写入存储设备后才返回成功消息。wdelay 为延迟写入选项，也就是说，它决定了先将数据写入内存，再写入硬盘，然后将多个写入请求合并后写入硬盘，这样可以减少对硬盘的读写次数，从而优化 NFS 性能，但有可能导致非正常关闭 NFS 时数据丢失情况的发生。而选项 no_wdelay 正好相反，但该选项与 async 选项一起使用时将不会生效，因为 async 是基于 wdelay 实现对客户端的一种响应功能。默认情况下，NFS 会自动屏蔽 root 用户的权限，root_squash 使得客户端使用 root 账号访问 NFS 时，服务器系统默认自动将 root 映射为服务器本地的匿名账号。使用 no_root_squash 可以防止这种映射而保留 root 权限，all_squash 选项则可以屏蔽所有账户权限，将所有用户在访问 NFS 时自动映射为服务器本地的匿名账户。默认情况下，普通账户的权限被保留，也就是没有进行 squash 操作。

11.1.3　Samba 服务

Samba 的出现主要是为了解决跨主机系统（不同的操作系统，如 Windows 和 Linux）的文件和打印机的共享问题。虽然 FTP 可以实现跨系统的文件共享，但是不能实现打印机共享，并且 FTP 必须先下载文件，再修改，然后上传文件，它不能直接在线修改。NFS 也不能跨系统使用。

Samba 使用的是 NetBIOS（网络基本输入输出）协议，这个协议最早由 IBM 公司开发，主要适用于小型局域网。Windows 系统也使用了这个协议,所以 Samba 为了实现跨系统的文件和打印机共享,也使用了这个协议。Samba 服务在后台有 2 个守护进程 nmbd 和 smbd。nmbd 进程主要处理 NetBIOS 中相关的名称解析和文件浏览服务,使用 UDP 协议,工作在 137 和 138 端口。smbd 进程提供身份验证、文件和打印机共享服务,使用 TCP 协议,工作在 139 和 445 端口。Samba 客户端在访问 Samba 服务的主机时必须通过一个用户名,这个用户名必须对应 Samba 服务主机中的一个 Linux 系统用户,所以必须先创建一个 Linux 用户,再用 Samba 的命令 smbpasswd 创建这个用户,并设置密码,这个用户才能被配置访问 Samba 服务的主机。注意,访问 Samba 服务器的密码必须是独立的 Samba 密码,而不可以使用系统密码,这样即使有人获得了 Samba 账户和密码,也不能使用这些信息登录服务器的操作系统。所以,成功访问 Samba 服务器还需要使用 smbpasswd 将系统账户添加到 Samba,并设置相应的密码。

smbpasswd 命令的功能是修改账户 Samba 密码,具体选项如下。

(1) -a:添加账户并设置密码。

(2) -x:删除 Samba 账户。

(3) -d:禁用 Samba 账户。

(4) -e:启用 Samba 账户。

下面对 Samba 配置文件做解释。通过修改该配置文件,可以将 Samba 配置为一台服务器,基于账户的文件服务器或打印服务器。默认情况下,Samba 开启本地账户家目录共享与打印机共享。配置文件中以符号"#"或";"开头的行为注释行,global 是全局配置段,其余所有段用来描述共享资源,全局段中的配置代表全局有效,是全局的默认设置。但如果全局配置段中的设置项与共享段中的设置项有冲突,则共享设置段中的设置为实际有效值。配置文件中的部分选项和功能在实训部分的练习题中会解释。下面对几个重要的选项及其功能做解释。

表 11-6　Samba 配置文件中部分内容的解释

选项	功能
security	设置 security 选项将影响客户端访问 Samba 的方式,是非常重要的设置选项之一。security 可以被设置为 uesr、share、server 或 domain。user:代表通过用户名、密码验证访问者的身份,账户需要是服务器本机系统账户。share:代表匿名访问。server:代表基于身份验证的访问,但账户信息保存在另一台 Samba 服务器上。domain:同样是基于验证的访问,账户信息保存在活动目录中
passdb backend	账户与密码的存储方式。smbpasswd:代表使用老的明文格式存储账户及密码。tdbsam:代表基于 TDB 的密文格式存储。ldapsam:代表使用 LDAP 存储账户资料
workgroup	定义工作组
comment	共享信息的描述
valid users	有效账号列表
browseable	共享目录是否对所有人可见
read only	Yes:只读,No:读写
path	指定共享路径

11.2 实训练习

11.2.1　FTP 的安装

（1）在配置好 YUM 源（公有源和私有源）后，直接使用命令安装，安装命令如下。vsftp 是服务器端，ftp 是客户端。

```
[root@localhost~ ]# yum install -y vsftpd ftp
```

（2）确认安装成功。

```
[root@localhost~ ]# rpm -qa | grep vsftpd
```

（3）启动 FTP 服务并设为开机启动。

```
[root@localhost~ ]# systemctl start vsftpd
[root@localhost~ ]# systemctl enable vsftpd
```

11.2.2　基于匿名用户的 FTP 配置

FTP 的主配置文件是/etc/vsftpd/vsftpd. conf。在这个文件中关于匿名用户的配置参数主要是以 anon 开头或者包含 anon 字符的参数。

配置 FTP 满足以下要求。

（1）匿名用户访问。

（2）匿名用户的根目录为/home/ftp_anonymous。

（3）匿名用户不可以上传和下载文件。

（4）匿名用户能创建、删除和重命名文件。

具体配置操作如下。

（1）创建匿名用户目录和测试文件（见图 11-1）。

```
[root@CentOS ~]# mkdir -p /home/ftp_anonymous
[root@CentOS ~]# touch /home/ftp_anonymous/test-1.txt
```

图 11-1　创建匿名用户目录和测试文件

（2）添加 upload 目录，修改权限，匿名用户可以在此创建、上传文件（见图 11-2）。

（3）备份配置文件，然后修改配置文件/etc/vsftpd/vsftpd. conf。主要修改以下几项，有些选项是被注释掉的（在行首加了"＃"，把"＃"去掉即可）。

```
anonymous_enable= YES          #允许匿名用户访问
anon_root= /home/ftp_anonymous  #匿名用户登录后的根目录
```

```
[root@CentOS ftp_anonymous]#pwd
/home/ftp_anonymous
[root@CentOS ftp_anonymous]#mkdir upload
[root@CentOS ftp_anonymous]#chown ftp upload
[root@CentOS ftp_anonymous]#ls -al
total 0
drwxr-xr-x  3 root root 38 Oct 13 11:29 .
drwxr-xr-x. 4 root root 44 Oct 13 11:23 ..
-rw-r--r--  1 root root  0 Oct 13 11:23 test-1.txt
drwxr-xr-x  2 ftp  root  6 Oct 13 11:29 upload    注意这一行中的变化
[root@CentOS ftp_anonymous]#
```

图 11-2 添加 upload 目录并修改权限

```
write_enable= YES              #全局参数,允许用户上传、新建、删除文件
                                和目录
anon_mkdir_write_enable= YES   #允许匿名用户创建目录
anon_upload_enable= YES        #允许匿名用户上传文件
```

(4) 保存配置文件,重启 vsftpdo

```
[root@localhost~ ]#systemctl restart vsftpd
```

验证结果,如图 11-3 所示。

```
[root@CentOS ftp_anonymous]# ftp 192.168.200.130   登录FTP服务器
Connected to 192.168.200.130 (192.168.200.130).
220 (vsFTPd 3.0.2)
Name (192.168.200.130:root): anonymous   匿名用户名
331 Please specify the password.
Password: 这里什么都不要输入,直接按回车
230 Login successful.  登录成功
Remote system type is UNIX.
Using binary mode to transfer files.
ftp> ls
227 Entering Passive Mode (192,168,200,130,94,239).
150 Here comes the directory listing.
-rw-r--r--    1 0        0               0 Oct 13 03:23 test-1.txt
drwxr-xr-x    2 14       0               6 Oct 13 03:29 upload
226 Directory send OK.
ftp> cd upload/
250 Directory successfully changed.          验证结果展示
ftp> mkdir 123
257 "/upload/123" created
ftp> put /tmp/1.txt test-2.txt
local: /tmp/1.txt remote: test-2.txt
227 Entering Passive Mode (192,168,200,130,105,183).
150 Ok to send data.
226 Transfer complete.
10 bytes sent in 0.00139 secs (7.19 Kbytes/sec)
ftp>
```

图 11-3 验证结果

11.2.3　基于本地用户的 FTP 配置

这里的本地用户是指 Linux 操作系统中实际创建的用户。在实际使用中,这些本地用户必须设置为不能登录 Linux 操作系统,否则会带来操作系统本身的安全问题。关于本地用户访问 FTP 的配置,通过一个实例来学习。

配置 FTP 满足以下要求。

(1) 禁止匿名用户访问。

(2) FTP 服务的文件目录为/com/file。

(3) boos 账户(公司老板)对所有目录有读写权限。

(4) employee-1(员工账户 1)只能在指定目录中上传和下载文件。

具体操作步骤如下。

(1) 创建需要的 Linux 账户,并修改密码(见图 11-4)。

```
[root@CentOS ~]#useradd boos
[root@CentOS ~]#useradd employee-1
[root@CentOS ~]#
```

图 11-4　创建需要的 Linux 账户

(2) 创建需要的目录和文件(见图 11-5)。

```
[root@CentOS ~]#mkdir -p /com/file
[root@CentOS ~]#touch /com/file/testfile01
[root@CentOS ~]#touch /com/file/testfile02
[root@CentOS ~]#
```

图 11-5　创建需要的目录和文件

(3) 修改配置文件,修改完要保存,主要修改的内容如下。

```
anonymous_enable= NO            #禁止匿名用户
local_enable= YES               #启用 FTP 服务器操作系统本地用户登录
local_root= /com/file           #本地用户登录后所在的目录
write_enable= YES               #全局变量,允许用户写
local_root= /com/file           #本地用户目录,手动添加这一行
chroot_local_user= YES          #限制本地用户在规定的目录中操作
chroot_list_enable= YES         #不被限制的用户,即例外用户
chroot_list_file= /etc/vsftpd/   #例外用户所在的位置
chroot_list
allow_writeable_chroot= YES     #允许对根目录有一些权限
```

注意:vsftpd 2.3.5 之后的版本规定被限制在根目录的用户没有写权限,必须通过 allow_writeable_chroot=YES 开启写权限。

(4) 例外用户文件创建,chroot_list 文件若不存在,则自己创建(见图 11-6)。

boos 账号和 employee-1 账号测试方法同上一个实验,登录账号和密码不同,其他不变,读者可以自行测试增删改查常用功能。

```
[root@CentOS etc]#cd /etc/vsftpd
[root@CentOS vsftpd]#echo "boos" > chroot_list
[root@CentOS vsftpd]#cat chroot_list
boos
[root@CentOS vsftpd]#
```

图 11-6　例外用户文件创建

11.2.4　基于虚拟用户的 FTP 配置

为了更好地控制访问 FTP 的用户的权限,提高安全性,配置使用虚拟用户访问 FTP 服务器。使用虚拟用户可以更加精细地管理用户的权限。虚拟用户访问 FTP 时,会被映射为系统的一个本地用户,默认情况下虚拟用户和匿名用户的访问权限相同,但是可以为每个虚拟用户配置不同的配置文件,以此来为不同的虚拟用户添加不同的权限。在虚拟用户验证身份时,要用到操作系统的 Linux-PAM。Linux-PAM 是 Linux 可插入认证模块,是一套共享库,能使本地系统管理员可以随意选择程序的认证方式。Linux-PAM 配置文件在/etc/pam.d 目录下,用于管理对程序的认证方式。应用程序调用相应的配置文件,从而调用本地的认证模块。

配置 FTP 满足以下要求。

(1) 2 个虚拟用户 vir-user-1 和 vir-user-2,访问 FTP 时映射的本地账户是 virftp。

(2) vir-user-1 的权限较大,可以上传和下载文件。

(3) vir-user-2 的权限较小,可以下载和浏览文件,不能上传文件。

(4) 2 个虚拟用户登录默认访问的目录/var/ftp,在这个目录中创建 2 个测试文件 t-1 和 t-2。

具体配置过程如下。

(1) 创建虚拟用户要映射的本地用户 virftp,并修改密码为 virftp(见图 11-7)。

```
[root@CentOS ~]#useradd virftp
[root@CentOS ~]#passwd virftp
Changing password for user virftp.
New password:
```

图 11-7　创建虚拟用户要映射的本地用户 virftp

(2) 创建虚拟用户登录默认访问的目录/var/ftp,修改属主为 virftp,添加其他用户写权限,并创建 2 个测试文件 t-1 和 t-2(见图 11-8)。

```
[root@CentOS ~]# ls -al /var | grep ftp
drwxr-xr-x  3 root root   17 Oct 13 11:08 ftp
[root@CentOS ~]# chown virftp:virftp /var/ftp
[root@CentOS ~]# ls -al /var | grep ftp
drwxr-xr-x   3 virftp virftp   17 Oct 13 11:08 ftp
[root@CentOS ~]# touch /var/ftp/t-1  /var/ftp/t-2
[root@CentOS ~]# ls -l /var/ftp
total 0
drwxr-xr-x 2 root root 6 Oct 31  2018 pub
-rw-r--r-- 1 root root 0 Oct 13 19:01 t-1
-rw-r--r-- 1 root root 0 Oct 13 19:01 t-2
[root@CentOS ~]#
```

图 11-8　创建虚拟用户登录默认访问的目录

（3）生成本地账户数据库文件，vir-user 文件是自己创建的（见图 11-9）。

```
[root@CentOS vsftpd]# pwd
/etc/vsftpd  切换到这个目录
[root@CentOS vsftpd]# cat vir-user
vir-user-1  虚拟用户1
123456      密码
vir-user-2  虚拟用户2
123123      密码

[root@CentOS vsftpd]# db_load -T -t hash -f vir-user vir-user.db
[root@CentOS vsftpd]# ls -l | grep vir-user.db
-rw-r--r-- 1 root root 12288 Oct 13 19:19 vir-user.db
[root@CentOS vsftpd]#
```

图 11-9　生成本地账户数据库文件

（4）配置 Linux-PAM，在目录/etc/pam. d 下修改文件 vsftpd，注释掉所有内容，添加下面 2 行（见图 11-10）。

```
auth        required        pam_userdb.so  db=/etc/vsftpd/vir-user
account     required        pam_userdb.so  db=/etc/vsftpd/vir-user
```

图 11-10　配置 Linux-PAM

（5）修改 vsftp 的主配置文件，修改或者添加下面的内容，修改完毕后保存退出。

```
anonymous_enable= NO              #禁止匿名用户
local_enable= YES                 #启用本地账户
guest_enable= YES                 #启用虚拟账户
guest_username= virftp            #把虚拟账户映射到本地系统账户 virftp
pam_service_name= vsftpd          #使用虚拟用户验证（PAM 验证）
user_config_dir= /etc/vsftpd/     #配置存放各个虚拟用户
user_conf                            配置文件的目录
local_root= /var/ftp              #虚拟用户登录默认访问的目录
anon_upload_enable= YES           #启用 chroot 时，虚拟用户根目录允许
                                     写入
allow_writeable_chroot= YES       #允许虚拟用户写入数据
```

配置每个虚拟用户的权限，在/etc/vsftpd/user_conf 目录下创建和虚拟用户名同名的配置文件，编辑并添加下面的内容，这些内容同时配置不同虚拟用户的权限，编辑完成后保存退出。

（6）重启 vsftpd，命令如下。

```
[root@localhost~ ]#systemctl restart vsftpd
```

测试方法与前面 2 个实验相同。

11.2.5　NFS 的安装

NFS 要安装 2 个软件包：nfs-utils 和 rpcbind。nfs-utils 为 NFS 服务的主要软件包，提供 rpc. nfsd 和 rpc. mounted 这两个守护进程与其他相关文档和执行文件。rpcbind 负责端口映射工作以保证 NFS 服务的正常运行。启动 NFS 服务的命令如下，注意必须先启动 rpcbind，然后启动 nfs。

```
[root@localhost~ ]#yum install -y nfs-utils rpcbind
[root@localhost~ ]#systemctl start rpcbind
[root@localhost~ ]#systemctl start nfs
```

11.2.6　NFS 的配置

NFS 的主配置文件是/etc/exports，这个文件是空的，需要添加配置信息，配置信息的格式通过下面的实例来解释。

配置满足下面要求的 NFS 服务，分别在 Linux 和 Windows 上测试。

(1) 共享目录是/nfs-1 和/nfs-2。

(2) 只允许 192.168.200.0/24 网段的用户访问。

(3) /nfs-1 有读写权限，/nfs-2 只有读权限。

具体配置过程如下。

(1) 创建共享目录/nfs-1 和/nfs-2，并设置权限（见图 11 - 11）。

```
[root@CentOS ~]# mkdir /nfs-1 /nfs-2
[root@CentOS ~]# touch /nfs-1/file01 /nfs-2/file02
[root@CentOS ~]# chmod o+w /nfs-1
[root@CentOS ~]# chmod o+w /nfs-2
[root@CentOS ~]#
```

图 11 - 11　创建共享目录/nfs-1 和/nfs-2

(2) 编辑配置文件/etc/exports，写入下面 2 行内容，#开头的注释部分可以不用写。

```
#只允许 192.168.200.0/24 网段的用户访问，有读写权限
/nfs-1   192.168.200.0/24(rw)
#只允许 192.168.200.0/24 网段的用户访问，只有读权限
/nfs-2   192.168.200.0/24(ro)
```

(3) 测试结果，测试机器要安装 nfs-utils 和 rpcbind（见图 11 - 12）。

11.2.7　Samba 的安装

(1) 在配置好 YUM 源（公有源和扩展源）后，直接使用命令安装，安装命令如下。

```
[root@localhost~ ]#yum install -y samba
```

```
[root@CentOS /]# showmount -e 192.168.200.130    查看共享服务
Export list for 192.168.200.130:
/nfs-2 192.168.200.0/24
/nfs-1 192.168.200.0/24
[root@CentOS /]# mkdir /nfs-1 /nfs-2    创建挂载需要的目录
[root@CentOS /]# mount -t nfs 192.168.200.130:/nfs-1 /nfs-1    挂载
[root@CentOS /]# mount -t nfs 192.168.200.130:/nfs-2 /nfs-2    挂载
[root@CentOS /]# ls -l /nfs-1    查看挂载后的目录内容
total 0
-rw-r--r-- 1 root root 0 Oct 13 20:16 file01
[root@CentOS /]# ls -l /nfs-2
total 0
-rw-r--r-- 1 root root 0 Oct 13 20:16 file02
[root@CentOS /]#
```

图 11 - 12　测试结果

（2）确认安装是否成功。

```
[root@localhost~ ]#rpm -qa |grep samba
```

（3）启动 Samba 服务并设为开机启动。

```
[root@localhost~ ]#systemctl start smb
[root@localhost~ ]#systemctl enable smb
```

11. 2. 8　Samba 的配置

Samba 的配置文件在/etc/samba 目录下，smb. conf 是主配置文件，smb. conf. example 是一个参考配置文件，里面有配置项的解释。smb. conf 主配置文件中全局参数的标志是[global]，其余的参数是共享参数，标志是[homes]和[printers]。参数配置的基本格式是"参数名＝数值"，部分参数的意义在下面实例的配置文件中进行了解释。下面以具体的实例来学习 Samba 的配置方法。

配置满足下面要求的 Samba 服务。

（1）工作组名称 WORKGROUP。

（2）共享名称为 data_rs，权限为查看、下载和写入。

（3）共享目录为/data/rs，其下有 2 个测试文件 t-1. file 和 t-2. file。

（4）只能被 192. 168. 200. 0/24 网段访问。

（5）添加 2 个用户 user-1 和 user-2，允许访问 Samba 服务。

具体配置步骤如下。

```
[root@CentOS ~]# mkdir -p /data/rs
[root@CentOS ~]# touch /data/rs/t-1.file /data/rs/t-2.file
[root@CentOS ~]# ls -l /data/rs
total 0
-rw-r--r-- 1 root root 0 Oct 13 20:50 t-1.file
-rw-r--r-- 1 root root 0 Oct 13 20:50 t-2.file
[root@CentOS ~]#
```

图 11 - 13　创建共享目录和测试文件

（1）参照前面的内容安装并启动 Samba 服务。

（2）创建共享目录和测试文件（见图 11-13）。

（3）创建 Samba 的访问用户，先添加 1 个组，把新建的 2 个用户添加到这个用户组，然后用 setfacl 设置 user 用户组对/data/rs 的访问权限。

```
[root@localhost~ ]#groupadd user
[root@localhost~ ]#useradd -g user user-1
[root@localhost~ ]#useradd -g user user-2
[root@localhost~ ]#passwd user-1
[root@localhost~ ]#passwd user-2
[root@localhost~ ]#smbpasswd -a user-1
New SMB password:
Retype new SMB password:
Added user user-1.
[root@localhost~ ]#smbpasswd -a user-2
New SMB password:
Retype new SMB password:
Added user user-2.
[root@localhost~ ]#setfacl -m g:user:rwx /data/rs
```

（4）修改 Samba 主配置文件，注释[homes]和[printers]中的内容，添加[data_rs]，配置完成后保存，并重启服务。

```
[root@localhost~ ]#vim /etc/samba/smb.conf
[global]
    workgroup= WORKGROUP        #设置工作组
    security= user              #设置安全级别
    passdb backend= tdbsam      #账户密码存储方式
[data_rs]
    comment= data_rs            #共享描述信息
    path= /data/rs              #共享路径
    browseable= Yes             #共享目录是否可以浏览
    writable= Yes               #共享目录是否可写
    vaild users= @ user         #可以在共享目录中读写的用户和用户组
    hosts allow= 192.168.200.   #可以访问的 IP 地址段或者 IP
    hosts deny= all             #不允许访问的网络地址
```

（5）首先在 Linux 端测试，需要安装 Samba 客户端，这里只测试 user-1 用户，user-2 用户的测试和 user-1 相同，测试结果如图 11-14 和图 11-15 所示。

（6）Windows 端测试，用 user-2 登录并测试，测试结果如图 11-16 和图 11-17 所示。

```
[root@CentOS /]#smbclient -L 192.168.200.130 -U
Enter SAMBA\root's password: 输入前面设置的密码
Anonymous login successful

        Sharename        Type        Comment
        ---------        ----        -------
        data_rs          Disk        data_rs        查看到共享目录
        IPC$             IPC         IPC Service (Samba 4.8.3)
Reconnecting with SMB1 for workgroup listing.
Anonymous login successful

        Server           Comment
        ---------        -------

        Workgroup        Master
        ---------        -------
```

图 11－14　Linux 端测试结果(1)

```
[root@CentOS /]#smbclient //192.168.200.130/data_rs -U user-1%111111
Try "help" to get a list of possible commands. 登录
smb: \> ls  查看内容
  .                                 D        0  Thu Oct 13 20:50:42 2022
  ..                                D        0  Thu Oct 13 20:50:06 2022
  t-1.file                          N        0  Thu Oct 13 20:50:42 2022
  t-2.file                          N        0  Thu Oct 13 20:50:42 2022

          52403200 blocks of size 1024. 46149544 blocks available
smb: \> put /tmp/1.txt t-3.file  上传文件
putting file /tmp/1.txt as \t-3.file (3.3 kb/s) (average 3.3 kb/s)
smb: \> get t-1.file /tmp/f-3    下载文件
getting file \t-1.file of size 0 as /tmp/f-3 (0.0 KiloBytes/sec) (average
0.0 KiloBytes/sec)
smb: \>
```

图 11－15　Linux 端测试结果(2)

图 11－16　Windows 端测试结果(1)

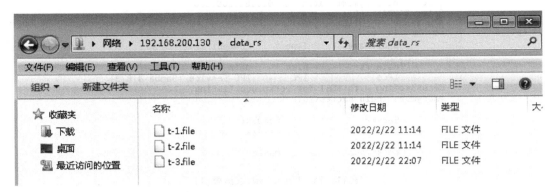

图 11 - 17 　 Windows 端测试结果(2)

拓展实训

1. 配置 Linux 服务器作为 vsftpd 服务器,并在系统中添加 user1 和 user2 用户。

(1) 设置匿名账户具有上传、创建目录的权限。

(2) 禁止本地 user1 用户登录 FTP 服务器。

(3) 设置本地用户 user2 登录 FTP 服务器之后,在进入 dir 目录时显示提示信息 "welcome to FTP!"。

(4) 设置将所有本地用户都锁定在/home 目录中。

(5) 设置只有在/etc/vsftpd/user_list 文件中指定的本地用户可以访问 FTP 服务器,其他用户都不可以。

2. 某公司需要配置一台 Samba 服务器。工作组名为 amm,共享目录为/share,共享名为 public,该共享目录只允许 192.168.100.0/24 网段的员工访问。请给出实现方案并上机调试。

习题

一、选择题

1. Samba 服务器的配置文件是( )。

A. smb. conf 　　　　 B. sam. conf 　　　　 C. http. conf 　　　　 D. rc. samba

2. Samba 的主配置文件不包括( )项。

A. global 　　　　 B. homes 　　　　 C. server 　　　　 D. printers

3. FTP 服务器使用的端口号是( )。

A. 21 　　　　 B. 22 　　　　 C. 23 　　　　 D. 24

4. 匿名 FTP 站点的主目录是( )。

A. /ftp 　　　　 B. /var/ftp 　　　　 C. /home 　　　　 D. /etc

5. vsftpd 在默认情况下监听( )端口。

A. 80 　　　　 B. 21 　　　　 C. 23 　　　　 D. 25

6. vsftpd 除了安全、高速、稳定之外,还具有哪些特性( )。

A. 虚拟用户

B. 支持 PAM 认证方式

C. 支持两种运行方式：独立的和 Xinetd

D. 支持带宽限制等

7. 以下属于 FTP 客户端命令的是(　　)。(多选题)

A. ls　　　　　　　B. get　　　　　　C. put　　　　　　D. bye

8. NFS 服务是基于(　　)。

A. P2P 模式　　　　　　　　　B. 客户端/服务器模式

C. 主机端/主机端模式　　　　　D. 以上都不是

9. NFS 服务配置的主要目录是(　　)。

A. /etc/ftp　　　B. /etc/nfs　　　C. /home　　　D. /etc/exports

二、简答题

1. 描述 FTP 服务的工作原理。

2. 描述 NFS 服务的工作原理。

3. 描述 Samba 服务的工作原理。

4. 描述 FTP、NFS 和 Samba 的应用场景。

第 12 章 DHCP 与 DNS 服务

12.1.1 DHCP 服务

网络中客户端获取 IP 地址的方法有两种,即静态配置(手动配置)和动态获取(自动获取)。静态配置最大的缺陷是容易配置错误、出现 IP 地址冲突等问题,并且手动配置的效率很低,尤其是在大型数据中心等场景中。动态获取则可以很好地避免这些问题,并可以在提高配置效率的同时,一定程度上缓解 IP 地址不够用的情况。而实现 IP 地址等信息的动态配置要使用 DHCP(dynamic host configuration protocol,动态主机配置协议)协议,这是一个局域网的网络协议,可以自动地为网络中其他计算机提供 IP 地址,以及网关和 DNS 等配置信息,免去网络管理员手动配置的过程,减轻网络管理员的负担,并且减少人为配置出现的错误。DHCP 采用客户端/服务器模式,使用 UDP 协议,客户端发送请求消息到 DHCP 服务器的 67 端口,DHCP 服务器回应应答消息给客户端的 68 端口。

客户端从 DHCP 服务器自动获取 IP 地址和网关等信息的具体过程如下。

(1) 客户端启动以后以广播的方式发送 DHCP discover 报文,主要目的是找到网络中的 DHCP 服务器。

(2) 网络中的 DHCP 服务器通过 67 端口收到这个报文后,单播一个 DHCP Offer 报文,其中包含从地址池选择的一个未被租用的 IP 地址及其租约信息等。

(3) 客户端收到 DHCP 服务器发送的 DHCP Offer 报文后,以广播(因为客户端还没有得到 IP 地址,只能广播)的方式向 DHCP 服务器发送 DHCP request,以请求 DHCP 服务器将该地址分配给它。这样做的目的有两个:①通知已被自己选中的 DHCP 服务器(网络中可能有多个 DHCP 服务器,客户端通常选择离自己最近的);②告诉网络中的其他 DHCP 服务器自己的选择。

(4) 被选择的 DHCP 服务器收到客户端的请求后,以单播方式向客户端发送一个 DHCP Ack 报文,这个 DHCP Ack 报文包含 IP 地址、网关、DNS 等网络配置参数。

至此为止,客户端成功通过 DHCP 服务器收到了 IP 地址和相关网络配置参数。这个过程的原理图如图 12-1 所示。

每个客户端获取的地址并不能无限期地使用,当客户端获取的 IP 地址的租期剩余 50% 时,客户端会向 DHCP 服务器请求续约,如果服务器同意,这个 IP 地址就会被延期使用。如果 DHCP 服务器不同意续约,客户端会继续使用这个地址,但是在租期剩余 12.5% 时,会向网

客户端发送DHCP discover报文

DHCP服务器发出DHCP offer报文

客户端发送DHCP request报文

DHCP服务器发送DHCP Ack报文

图 12-1　DHCP 工作过程

络中的 DHCP 服务器广播发送 DHCP request 报文来续租 IP 地址。如果客户端成功收到
DHCP 服务器发送的 DHCP Ack 报文,则按相应时间延长 IP 地址租期;如果没有收到 DHCP
服务器发送的 DHCP Ack 报文,则客户端继续使用这个 IP 地址,直到 IP 地址使用租期到期,
才会向 DHCP 服务器发送 DHCP release 报文来释放这个 IP 地址,并开始新的 IP 地址申请
过程。

　　客户端收到的地址有以下几种情况。

　　(1) 永久地址:可以永久使用,不会被 DHCP 服务器分配给其他客户端。

　　(2) 限定地址:只能在租约时间内使用,超过租约时间 DHCP 服务器会收回这个地址。

　　(3) 保留地址:这是与客户端 MAC 地址(网卡物理地址)绑定的 IP 地址,这样做的目的
是,不管在什么时候都为客户端分配同一个 IP 地址。

　　DHCP 服务的主配置文件是/etc/dhcp/dhcpd. conf。有部分 Linux 操作系统,此文件默
认不存在,需要手动创建。在/usr/share/doc/dhcp-(版本号)/dhcpd. conf. example 文件中存
放了配置实例,可以参考。dhcpd. conf 文件对关键字严格区分大小写,每行除了括号以外都
必须以分号(";")结束,以"#"开头的行表示该行为注释行。该配置文件由全局参数和声明集
组成。表 12-1 给出了配置文件中的全局参数。

表 12-1　DHCP 配置文件中的全局参数及其功能

参数	功能
default-least-time	指定默认租约时间,默认是 21 600 s,即 6 h
max-lease-time	最大租约时间,当客户端超过这个时间而没有发出更新租期的请求时,DHCP 服务器会回收 IP 并放回到 IP 地址池中待其他客户端申请

（续表）

参数	功能
domain-name-server	指定 DNS 服务器，客户端会自动将指定的 DNS 服务器作为自己的 DNS 服务器
option domain-name	指定本地网络的域名。如果在/etc/resolv. conf 中设置了"searchxxxx"选项，则搜索主机名称时，DNS 系统会自动将这个域名加进去
option subnet-mask	设置子网掩码
option routers	指定客户端的网关 IP 地址
ddns-update-style	动态更新 DNS 资料，有 ddns-update-styleinterim、ddns-update-stylead-hoc、ddns-update-stylenone3 种方式。其中最常用的是 ddns-update-styleinterim
option broadcast-address	广播地址，默认情况下，系统会自动根据 A、B 和 C 类网段进行计算

DHCP 配置文件中声明集用来描述网络布局、提供客户端的 IP 地址等，主要内容见表 12 - 2。

表 12 - 2　DHCP 配置文件中声明集的主要选项及其功能

声明	功能
shared-netwok	用来告知一些子网络是否分享相同网络
subnet	描述一个 IP 地址是否属于该子网
range 起始 IP　终止 IP	动态分配 IP 的范围
host 主机名称	参考主机
group	为一组参数提供声明
allow unknown-clients deny unknown-clients	是否动态分配 IP 给未知的使用者
allow bootp deny bootp	是否响应激活查询
allow booting deny booting	是否响应使用者查询
filename	开始启动文件的名称，应用于无盘工作站
next-server	设置服务器从引导文件中加载主机名，应用于无盘工作站

12.1.2　DNS 服务

在 TCP/IP 网络中，每一台计算机都用一个 IP 地址作为通信的身份标识。但是在实际情况中，更多使用的是一个域名，因为域名有一定的意义，能方便我们记忆，而 IP 地址是数字，不便于记忆。在使用域名的时候，计算机使用 DNS 服务自动地把域名解析为 IP 地址。

最早在计算机中使用的域名解析方法是用/etc/hosts 文件，文件的格式如图 12 - 2 所示。

```
[root@CentOS ~]# cat /etc/hosts
127.0.0.1    localhost localhost.localdomain localhost4 localhost4.localdomain4
::1          localhost localhost.localdomain localhost6 localhost6.localdomain6
192.168.200.132  Cetnos-test-2
[root@CentOS ~]#
```

图 12 - 2　/etc/hosts 文件

其中,Cetnos-test-2 解析为 IP 地址 192.168.200.132。这种方法在域名和 IP 较少的情况下可以使用,但是在域名和 IP 数量太多的时候不便使用。

在实际的互联网和企业网中,关于域名解析更多的是使用 DNS(domain name service,域名服务)服务。DNS 服务是为了便于访问 internet 而采用的一种分布式的域名和 IP 地址映射查询和管理方法。用户在不知道主机 IP 地址而只知道主机域名的情况下,也可以轻松访问服务器。下面通过一个域名(www. lzpcc. com. cn)解析为 IP 地址的过程来介绍 DNS 服务的工作原理。

(1) 用户在浏览器中输入网址 www. lzpcc. com. cn,向本地域名服务器发出 IP 地址的查询请求。

(2) 本地域名服务器收到请求后,先查询缓存在本机的记录,如果匹配到则发给用户,如果没有找到匹配的 IP,则把这个请求发送给根域名服务器(用一个“. ”表示)。

(3) 根域名服务器向本地域名服务器返回“. cn”域名服务器的地址。

(4) 本地域名服务器向“. cn”域名服务器发出解析请求。

(5) “. cn”域名服务器返回“. com. cn”域名服务器的地址。

(6) 本地域名服务器向“. com. cn”域名服务器发出解析请求。

(7) “. com. cn”域名服务器返回“. lzpcc. com. cn”域名服务器的地址。

(8) 本地域名服务器向“. lzpcc. com. cn”域名服务器发出解析请求。

(9) “. lzpcc. com. cn”域名服务器返回“www. lzpcc. com. cn”主机的地址。

(10) 本地域名服务器向用户返回收到的 IP 地址,并缓存在本地。

至此整个解析过程结束,可以看出域名的解析是从根域名服务器开始一层一层地解析,每一层的域名服务器负责管理下一层的域名空间。

在 Linux 操作系统中,有以下 3 个文件和 DNS 域名解析密切相关。

(1) /etc/host. conf:该文件可以定义域名解析的搜索顺序。

(2) /etc/resolv. conf:主要用来定义主机是否为 DNS 服务器。

(3) /etc/hosts:其中第一部分的内容是主机的 IP 地址,第二部分是域名,第三部分是主机的别名。

在实际的配置中,DNS 服务器有以下四种不同的类型。

(1) 主 DNS 服务器:对自己所管辖的区域提供权威解析,是所管理的区域域名信息的初始来源。

(2) 从 DNS 服务器:从主 DNS 服务器那里获得域名信息的完整备份,也为外界提供权威的 DNS 解析,能减轻主 DNS 服务器的查询负载,提供冗余备份。

(3) 高速缓存 DNS 服务器:缓存主 DNS 服务器数据,与从 DNS 服务器一样也为外界提供 DNS 解析服务,不同的是它的解析不是权威解析,域名信息有时间期限,过期后不可使用。

(4) 转发 DNS 服务器:它在提供解析服务的时候,优先查看自己的缓存,解析失败的时候,则转向其他 DNS 服务器,并将获得的结果缓存在本地。

在 Linux 系统中,DNS 服务的安装包是 bind(Berkeley internet Name Domain Service)。安装完成之后,主要配置下面 4 个文件,这 4 个文件的关系如图 12-3 所示。

(1) /etc/named. conf:DNS 全局配置文件,主要作用是声明域名服务器的 cache 文件以及一些全局参数的设置。

(2) /etc/named. rfc1912. zones:主配置文件,定义了正、反向解析区域文件的名称及存放

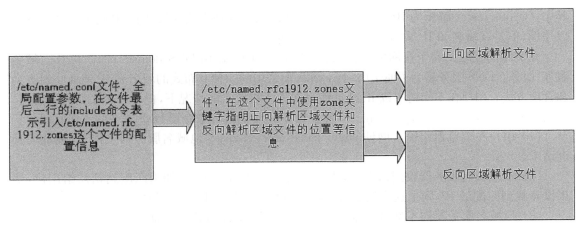

图 12-3 Linux 系统中 DNS 服务的 4 个重要文件的关系

位置及其相关参数。

（3）/var/named/named.domain：正向解析区域声明文件，主要用来完成域名到 IP 地址的对应转换工作，默认存放在/var/named 目录下，这个文件不存在，需要手动创建。

（4）/var/named/named.domain.arpa：反向解析区域声明文件，作用是完成从 IP 地址到对应域名的转换，默认也放在/var/named 目录下，这个文件不存在，需要手动创建。

表 12-3 列出了/etc/named.conf 文件中的部分选项及其功能。

表 12-3 /etc/named.conf 文件中的部分选项及其功能

选项	功能
directory	设置域名服务的工作目录，默认为/var/named
dump-file	运行 rndc dumpdb 备份缓存资料后，保存的文件路径与名称
statistics-file	运行 rndc stats 后，统计信息的保存路径与名称
listen-on port	指定监听的 IPv4 网络接口
allow-query	指定哪些主机可以查询服务器的权威解析记录
allow-query-cache	指定哪些主机可以通过服务器查询非权威解析数据，如递归查询数据
blackhole	设置拒绝哪些主机的查询请求
recursion	是否允许递归查询
forwards	指定一个 IP 地址，所有对本服务器的查询将转发到该 IP 进行解析
max-cache-size	设置缓存文件的最大容量
zone	用来定义区域，后面的".”表示根域
include	引入其他相关配置文件

/etc/named.conf 文件倒数第二行引入了/etc/named.rfc1912.zones 文件，这个文件是全局配置文件，一般不直接使用这个文件，而是复制这个文件（和源文件在同一个目录下）为我们定义的名称，然后修改其内容。例如，图 12-4 给出了这个文件中正向解析和反向解析的区域信息。从图 12-4 中可以观察到，主要是通过 zone 语句定义正向解析和反向解析区域。

表 12-4 列出了 zone 语句中常用的选项及其功能，其中 file 选项用于标识正向解析和反向解析区域文件的名称，这两个文件所在的路径是/var/named。

```
zone "localhost.localdomain" IN {        # 指定正向解析区域配置文件
        type master;
        file "named.localhost";
        allow-update { none; };
};

zone "1.0.0.127.in-addr.arpa" IN {        # 指定反向解析区域配置文件
        type master;
        file "named.loopback";
        allow-update { none; };
};
```

图 12−4　/etc/named.rfc1912.zones 文件中的信息

表 12−4　zone 语句中常用的选项及其功能

选项	功能
type	设置域类型，类型可以是 nint、master、slave 或 forward。hint：当本地找不到相关解析信息后，查询根域名服务器。master：定义权威域名服务器。slave：定义辅助域名服务器。forward：定义转发域名服务器
file	定义域数据文件，文件保存在 directory 所定义的目录下
notify	当域数据资料更新后是否主动通知其他域名服务器
masters	定义主域名服务器 IP 地址，当 type 设置为 slave 后此选项才有效
allow-update	允许哪些主机动态更新域数据信息
allow-transfer	哪些从服务器可以从主服务器下载数据文件

在 /var/named 目录下还有 named.localhost 和 named.loopback 2 个文件，这 2 个文件是正向解析和反向解析区域文件的配置模板，通常复制这 2 个模板后使用，注意复制的时候用 cp -a（见图 12−5）。

```
[root@localhost named]# cat named.localhost
$TTL 1D                     资源记录的有效期，1D表示1天
@       IN SOA  @ rname.invalid. (
                                0       ; serial     本区域文件的版本号或序列号
                                1D      ; refresh    从DNS服务器的动态刷新时间
                                1H      ; retry      从DNS服务器的重试时间间隔，1H表示1小时
                                1W      ; expire     从DNS服务器上资源记录的有效期，1W表示1周
                                3H )    ; minimum    如果没有为资源记录指定存活周期，则使用minimum默认值
        NS      @
        A       127.0.0.1
        AAAA    ::1
[root@localhost named]# cat named.loopback
$TTL 1D
@       IN SOA  @ rname.invalid. (
                                0       ; serial
                                1D      ; refresh
                                1H      ; retry
                                1W      ; expire
                                3H )    ; minimum
        NS      @
        A       127.0.0.1
        AAAA    ::1
        PTR     localhost.
[root@localhost named]#
```

图 12−5　两个配置模板

在正向解析和反向解析区域文件中，域名和 IP 地址的对应关系由资源记录表示。资源记

录的类型有 7 种,见表 12 - 5。

表 12 - 5 资源记录的类型

类型	功能
SOA	域权威记录,说明本机服务器为该域的管理服务器
NS	域名服务器记录
A	正向解析记录,域名到 IPv4 地址的映射
AAAA	正向解析记录,域名到 IPv6 地址的映射
PTR	反向解析记录,IP 地址到域名的映射
CNAME	别名记录,为主机添加别名
MX	邮件记录,指定域内的邮件服务器,需要指定优先级

12.2 实训练习

12.2.1 DHCP 的安装与启动

(1) 安装 DHCP 软件包。

```
[root@localhost~ ]#yum install -y dhcp
```

(2) 启动 DHCP 服务和设置 DHCP 服务开机启动。

```
[root@localhost~ ]#systemctl restart dhcpd
```

注意,没有做任何配置前启动会失败,可以等后面的配置完成后启动。

```
[root@localhost~ ]#systemctl enable dhcpd
```

12.2.2 DHCP 的配置

按照下面的要求完成 DHCP 服务器的配置。

(1) DHCP 服务器所在的网络是 192.168.200.0/24,DHCP 服务器的地址是 192.168.200.130。

(2) 有 2 个地址空间可以分配,分别是 192.168.200.100 ～ 192.168.200.130 和 192.168.200.200～192.168.200.230,默认网关是 192.168.200.254。

(3) 为 MAC 地址是 00:50:56:38:3e:7a 的客户端分配固定地址 192.168.200.200。

下面是配置过程。在开始配置之前说明一下这个实验的环境。本书的实验都是在 VMware 虚拟机中完成的,VMware 自身为每个虚拟机提供了 DHCP 服务。所以要完成这个实验,必须先关闭虚拟机网络中的 DHCP 服务。方法是:打开 VMware 编辑菜单中的虚拟网络编辑器,在弹出的对话框的右下角点击"更改设置",如图 12 - 6 所示。

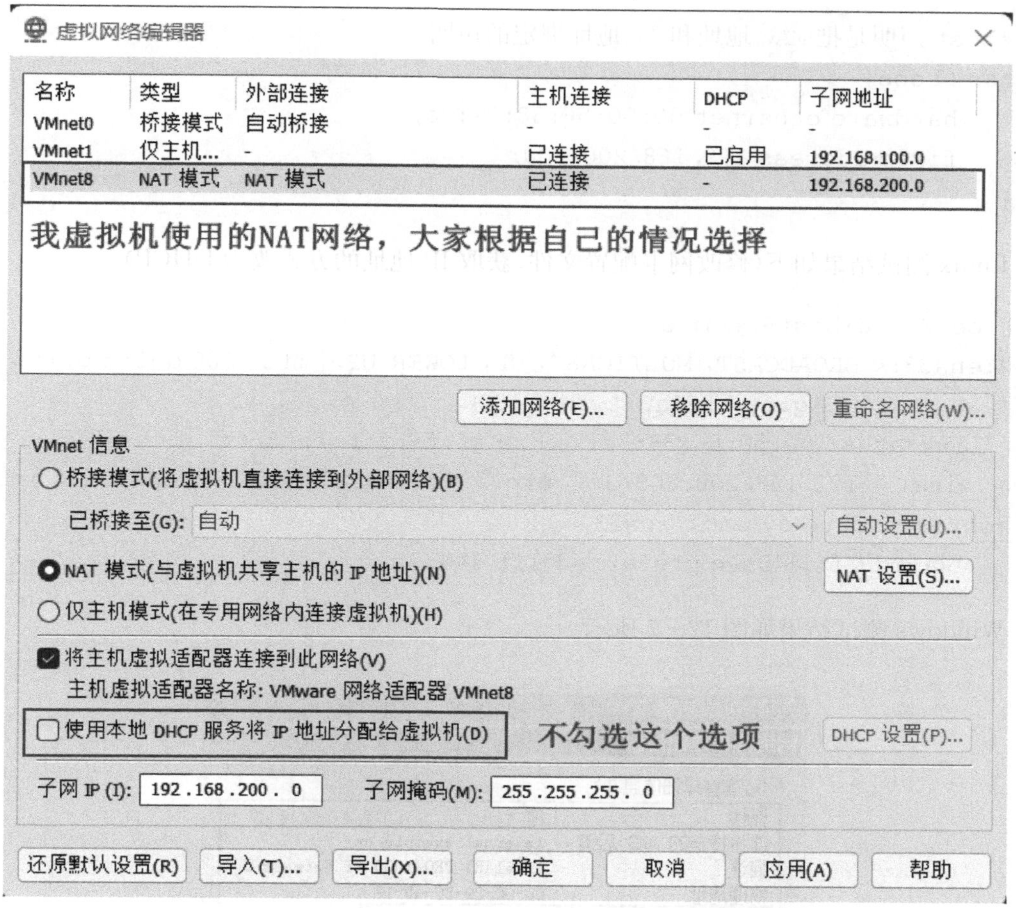

图 12-6　关闭 VMware 的 DHCP

　　修改主配置文件。在开始配置之前，备份原有的配置文件，复制示例文件到/etc/dhcp 目录，并更名为 dhcpd.conf，之后修改示例文件达到配置要求会更加方便。观察配置文件，根据下面的配置，删除或者注释掉不需要的配置选项。

```
option domain-name "example.org";          #DNS 域名
option domain-name-servers ns1.example.org; #域名服务器
default-lease-time 600;                     #默认租约时间
max-lease-time 7200;                        #最大租约时间
#subnet 声明子网 192.168.200.0 和掩码 255.255.255.0
subnet 192.168.200.0 netmask 255.255.255.0{
range 192.168.200.100 192.168.200.130;      #第一个地址空间
range 192.168.200.200 192.168.200.230;      #第二个地址空间
option routers 192.168.200.254;             #默认网关地址
option broadcast-address 10.5.5.31;         #子网广播地址
}
```

```
#host 声明是把 MAC 地址和 IP 地址绑定的声明
host boos{
    hardware ethernet 00:50:56:38:3e:7a;
    fixed-address 192.168.200.200;
}
```

Linux 测试结果如下(修改网卡配置文件,获取 IP 地址的方式改为 DHCP)。

```
[root@localhost~ ]#ip a
2:ens33:< BROADCAST, MULTICAST, UP, LOWER_UP> mtu 1500 qdisc pfifo_
fast state UP group default qlen 1000
  link/ether 00:50:56:38:3e:7a brd ff:ff:ff:ff:ff:ff
    inet  192.168.200.200/24  brd  192.168.200.255  scope  global
noprefixroute dynamic ens33
    valid_lft 440sec preferred_lft 440sec
```

Windows 测试结果如图 12-7 所示。

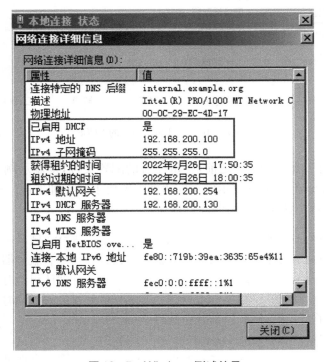

图 12-7 Windows 测试结果

12.2.3 DNS 的安装与启动

安装 DNS 软件包。

```
[root@localhost~ ]#yum install -y bind
```

启动 DNS 服务和设置 DNS 服务开机启动。

```
[root@localhost~ ]#systemctl restart named
[root@localhost~ ]#systemctl enable named
```

12.2.4　DNS 的配置

按照下面的要求完成 DNS 服务器的配置。

（1）为区域 accpm. com 创建正向解析文件 zone. accpm. com。

（2）为网段 192.168.10.0/24 创建反向解析文件 zone. 192.168.10。

（3）正向解析文件添加以下资源记录：①1 条 SOA 资源记录，采用默认值；②2 条 NS 资源记录，主机名分别为 ns1 和 ns2；③1 条 MX 资源记录，主机名为 mail；④5 条 A 资源记录，主机名分别是 ns1、ns2、mail、www 和 ftp，所对应的 IP 地址分别是 192.168.10.10、192.168.10.20、192.168.10.30、192.168.10.40 和 192.168.10.50；⑤1 条 CNAME 记录，设置主机名 www 的别名为 web。

（4）在反向解析区域文件中添加与正向解析文件对应的 PTR 资源记录。

（5）验证以上配置。

下面是配置过程。

（1）修改全局配置文件/etc/named. conf，把最后的"include/etc/named. rfc1912. zones"改为"include /etc/named. zones"。

（2）修改/etc/named. zones"文件如下。

```
[root@localhost~ ]#vim /etc/named.zones
zone "accpm.com" IN{
    type master;
    file "zone.accpm.com";
    allow-update {none;};
};
zone "10.168.192.in-addr.arpa" IN {
    type master;
    file "zone.192.168.10";
    allow-update {none;};
```

（3）创建正向解析文件 zone. accpm. com 和反向解析文件 zone. 192.168.10。

```
[root@localhost~ ]#cd/ var/named
[root@localhost~ ]#ls -l
......
-rw-r----  1 root  named  152 Jun 21  2007 named.localhost
-rw-r----  1 root  named  168 Dec 15  2009 named.loopback
```

```
#cp -p named.localhost  zone.accpm.com
#cp -p named.loopback  zone.192.168.10
```

（4）配置正向解析文件。

```
[root@localhost~ ]#vim /var/named/zone.accpm.com
$ TTL 1D
@    IN  SOA    @accpm.com. (
                   0   ; serial
                   1D  ; refresh
                   1H  ; retry
                   1W  ; expire
                   3H) ; minimum
@    IN  NS    ns1.accpm.com.
@    IN  NS    ns2.accpm.com.
@    IN  MX 10  mail.accpm.com.
ns1  IN  A     192.168.10.10
ns2  IN  A     192.168.10.20
mail IN  A     192.168.10.30
www  IN  A     192.168.10.40
ftp  IN  A     192.168.10.50
web  IN  CNAME www.accpm.com
```

（5）配置反向解析文件。

```
[root@localhost~ ]#vim /var/named/zone.192.168.10
$ TTL 1D
@  IN  SOA    @ accpm.com. (
                 0   ; serial
                 1D  ; refresh
                 1H  ; retry
                 1W  ; expire
                 3H) ; minimum
@  IN  NS    ns1.accpm.com.
@  IN  NS    ns2.accpm.com.
@  IN  MX 10  mail.accpm.com.
10 IN  PTR    ns1.accpm.com.
20 IN  PTR    ns2.accpm.com.
30 IN  PTR    mail.accpm.com.
40 IN  PTR    www.accpm.com.
50 IN  PTR    ftp.accpm.com.
```

　　配置测试机器,DNS 解析地址配置为上面安装部署了 DNS 服务的服务器 IP 地址,并要保证测试机器和 DNS 服务器能相互 ping 通。

```
[root@localhost~ ]#cat /etc/sysconfig/network-scripts/ifcfg-ens33
.....
IPADDR= 192.168.200.132
PREFIX= 24
GATEWAY= 192.168.200.2
DNS1= 192.168.200.130
```

　　查看测试机器 DNS 配置信息。

```
[root@localhost~ ]#cat /etc/resolv.conf
nameserver 192.168.200.130
```

　　开始验证。

```
[root@localhost~ ]#nslookup
> www.accpm.com
Server:192.168.200.130
Address:192.168.200.130#53
Name:www.accpm.com
Address:192.168.10.40

> 192.168.10.10
10.10.168.192.in-addr.arpa  name= ns1.accpm.com.

> ns1.accpm.com
Server:192.168.200.130
Address:192.168.200.130#53

Name:ns1.accpm.com
Address:192.168.10.10
```

拓展实训

1. 按要求完成下面的配置。某部门有 60 台计算机,各计算机的 IP 地址要求如下。

(1) DHCP 服务器和 DNS 服务器的地址都是 192.168.100.1/24,有效 IP 地址段为 192.168.100.10～192.168.100.254,子网掩码是 255.255.255.0,网关为 192.168.10.254。

(2) 192.168.100.10～192.168.100.20 网段地址是服务器的固定地址。

(3) 客户端可以使用的地址段为 192.168.100.21～192.168.100.200,但 192.168.100.100、192.168.100.101 为保留地址,其中 192.168.100.105 保留给 Client2。

(4) 客户端 Client1 模拟所有其他客户端，采用自动获取方式配置 IP 地址等信息。

2. 学校校园网要架设一台 DNS 服务器负责 study.com 域的域名解析工作。DNS 服务器的 FQDN 为 dns.study.com，IP 地址为 192.168.100.1。要求为表 12-6 中的域名实现正反向域名解析。

表 12-6　域名及其对应的 IP 地址

域名	IP 地址
dns.study.com	192.168.100.1
mail.study.com	192.168.100.2
ftp.study.com	192.168.100.3
www.study.com	192.168.100.4

习题

一、选择题

1. 在 Linux 环境下，能实现域名解析的功能软件模块是(　　)。
   A. Apache　　　　B. dhcpd　　　　C. bind　　　　D. squid

2. DNS 服务使用的协议和端口分别是(　　)。
   A. TCP,53　　　　B. UDP,54　　　　C. TCP,54　　　　D. UDP,53

3. 包含主机名和 IP 地址映射关系的文件是(　　)。
   A. /etc/resolve.conf　　　　　　　　B. /etc/named.conf
   C. /etc/host　　　　　　　　　　　　D. /etc/hosts

4. DHCP 采用客户端/服务器(C/S)模式，使用(　　)协议。
   A. TCP　　　　B. UDP　　　　C. IP　　　　D. TCP/IP

5. DHCP 服务器使用的端口号为(　　)。
   A. 53　　　　B. 20 和 21　　　　C. 67 和 68　　　　D. 80

6. 在 DNS 配置文件中，用于表示某主机别名的是(　　)。
   A. NS　　　　B. CNAME　　　　C. MX　　　　D. NAME

7. 主机域名为 www.linux.com，对应的 IP 地址是 172.16.30.70，那么此域的反向解析域的名称可表示为(　　)。
   A. 172.16.30.in-addr.arpa　　　　　B. 30.16.172-addr.arpa
   C. 30.16.172　　　　　　　　　　　　D. 30.16.172.in-addr.arpa

8. 在 DNS 的反向解析区域文件中，除需要设置 SOA 和 NS 记录，还需要下面哪个资源记录(　　)。
   A. A　　　　B. AAAA　　　　C. PTR　　　　D. LOA

9. 测试 DNS 服务主要使用的命令是(　　)。
   A. ping　　　　B. ifconfig　　　　C. nslookup　　　　D. netstat

二、填空题

1. DNS 服务器分为 4 类：_____、_____、_____、_____。

2. 一般在 DNS 服务器之间的查询请求属于_____查询。

3. DHCP 工作过程包括_____、_____、_____、_____ 4 种报文。

4. 当租用期达到期满时间的近_____时，客户端如果在前一次请求中没能更新租用期，它会再次试图更新租用期。

三、简答题

1. 简述 DHCP 分配地址有哪 3 种方式。

2. 描述 DHCP 的工作原理。

3. 描述 DNS 的工作原理。

4. DNS 服务器的类型有哪几种。

第 13 章　防火墙的配置与 SELinux

13.1　知识必备

13.1.1　防火墙

防火墙分为硬件防火墙和软件防火墙。硬件防火墙工作在独立的硬件设备上,主要提供数据包过滤,相对来说功能单一但效率更高;软件防火墙主要工作在服务器上。防火墙的工作原理是,审核每一个流入或流出的数据包(根据包头信息,如源地址、目的地址、协议等),并使用预先制定好的有序的规则进行比较,直到满足其中的一条规则为止,然后依据控制机制执行相应的动作。如果制定的规则均不满足,则将数据包丢弃,从而保证系统的安全性。CentOS 7 提供了两种防火墙管理工具:第一种是新增的 firewalld,第二种是 iptables,后者也存在于 CentOS 7 以前的一些版本中。对于 firewalld,可使用图形界面工具 firewall-config 配置,也可以使用客户端命令行 firewall-cmd 配置。firewalld 和 iptables 都依赖于 Linux 内核中的 Netfilter 系统来过滤数据包。Netfilter 是 Linux 2.4 引入的一个子系统,它作为一个通用、抽象的框架,提供一整套 hook 函数的管理机制,可以实现数据包过滤、网络地址转换(NAT)和基于协议类型的连接跟踪等功能。iptables 命令是与 Netfilter 系统进行交互的主要工具,用于提供数据包过滤和 NAT。CentOS 7 系统已经使用 firewalld 替换了原有的 iptables 作为默认防火墙管理软件(firewalld 除了拥有 iptables 的所有功能,还提供了其他功能,如基于区域的防火墙)。接下来本书只介绍 firewalld 的基本使用。

CentOS 7 系统默认安装 firewalld,并设为开机启动。在配置 firewalld 之前,先要了解区域的概念,这里的区域是指过滤规则的集合。一个区域就是一套过滤规则,数据包必须经过某个区域才能入栈或出栈。不同区域,规则不尽相同。可以把区域看作一个个出站或入站必须经过的安检门,有的严格,有的宽松,有的检查得细致,有的检查得粗略。每个区域单独对应一个 XML 配置文件,文件名为<区域名称>. xml。自定义区域只需要添加一个<区域名称>. xml 文件,然后在其中添加过滤规则即可。每个区域都有一个默认的处理行为,包括 default(缺省)、ACCEPT、REJECT、DROP。firewalld 提供了 9 个区域,见表 13 - 1。

表 13－1　firewalld 的 9 个区域

区域	出栈连接	进栈连接
丢弃区域 （drop）	允许	任何流入的包都被丢弃，不做任何响应
阻塞区域 （block）	允许	任何流入的包都被丢弃，并发送 icmp-host-prohibited
公共区域 （public）	允许	允许 DHCPv6、SSH
外部区域 （external）	允许，并伪装成出站口接口 IP 地址	允许 SSH
隔离区域 （dmz）	允许	允许 SSH
工作区域 （work）	允许	允许 DHCPv6、SSH、IPP
家庭区域 （home）	允许	允许 DHCPv6、SSH、IPP、多播 DNS、Samba
内部区域 （internal）	允许	允许 DHCPv6、SSH、IPP、多播 DNS、Samba
信任区域 （trusted）	允许	允许

　　当防火墙收到入栈数据包时，会检查其源地址是否匹配现有区域中的网络地址。如果不匹配，则检查数据包的入栈接口，看其是否属于一个区域。如果匹配，就根据其匹配的区域的规则来处理该数据包。公共区域是默认区域，它的含义是：添加到系统的任何新的网络接口将自动分配给默认区域。另外，对于不匹配其他任何区域的入栈数据包，将应用默认区域的规则进行处理。为允许或拒绝通过防火墙的入栈流量，可选择一个区域，然后在该区域的 Services 选项中，为想要允许或者阻止的服务添加或移除标记。另外，也可以在 Ports 选项中指定协议和端口。

　　firewalld 有两种配置模式：运行时配置（firewalld 运行时生效的配置，重启失效）和永久配置（firewalld 重启或者重载时应用的配置，重启不失效）。永久配置在执行的目录后面需要加--permanent 选项，也可在配置了运行时配置并验证没有问题后，使用 firewall-cmd --runtime-to-permanent 命令将运行时配置加入永久配置。

　　在实际的配置中，可以使用图形界面和命令行来配置 firewalld。这里使用命令行的方式配置防火墙。表 13－2 列出了 firewalld 配置防火墙常用的命令及其相关功能，对于表中没有列出的功能可以使用 firewall-cmd --help 命令和查看其他资料进行学习。

表 13－2　firewalld 配置防火墙常用的命令及其功能

命令	功能
systemctl start firewalld	开启防火墙
firewall-cmd --state	查看防火墙状态
firewall-cmd --get-zones	查看可用区域
firewall-cmd --list-all	查看默认（public）区域的配置
firewall-cmd --list-all --zone＝work	查看 work 区域的配置

（续表）

命令	功能
firewall-cmd --add-service=http	添加临时配置，允许 HTTP 服务
firewall-cmd --list-services	查看允许服务列表
firewall-cmd --remove-service=http	添加临时配置，禁止 HTTP 服务
firewall-cmd --new-service=s-1 --permanent	添加自定义服务 s-1
firewall-cmd --delete-service=s-1 --permanent	删除自定义服务 s-1
firewall-cmd --list-ports	列出开放的端口
firewall-cmd --add-port=80/tcp	开启 TCP 协议 80 端口
firewall-cmd --remove-port=80/tcp	关闭 TCP 协议 80 端口
firewall-cmd --add-service=http --zone=work	修改 work 区域，允许 HTTP 服务

13.1.2　SELinux

在 Linux 系统中，决定一个资源是否能被访问的关键因素是：这个资源是否拥有对应用户的权限（读、写、执行），只要访问这个资源的进程符合以上条件就可以被访问，这种权限管理机制的主体是用户，这种管理方式称为自主访问控制（DAC）。在这种方式中，root 用户不受任何约束，拥有最高权限。如果非法入侵人员获得了 root 用户的权限或者较高用户权限，那么对系统的破坏性是难以想象的。

在使用 SELinux 的操作系统中，决定一个资源是否能被访问的因素除了上述因素之外，还需要判断每一类进程是否拥有对某一类资源的访问权限。这样一来，即使进程是以 root 身份运行的，也需要判断这个进程的类型以及允许访问的资源类型，才能决定是否允许访问某个资源。进程的活动空间也可以被控制到最小范围。即使是以 root 身份运行的服务进程，一般也只能访问它所需要的资源。如果程序有漏洞或者被入侵，那么只在允许访问的资源范围内产生影响，安全性大大增加。这种权限管理机制的主体是进程，称为强制访问控制（MAC）。简单来说，在 DAC 模式下，只要拥有相应目录或文件的访问权限，就可以访问这个文件或者目录。而在 MAC 模式下，不仅要拥有相应目录或文件的访问权限，还要受进程允许访问目录或文件范围的限制。

SELinux（security-enhanced linux）是由美国国家安全局开发的安全增强型 Linux，目的是提供强制访问控制级别，它的安全性优于通过文件权限和 ACL 实现的自主访问控制。SELinux 强制在操作系统的内核中实施安全规则。当系统安全受到破坏时，SELinux 尽最大可能控制其产生的不良影响。

SELinux 的安全模型基于主题、对象和动作。主题是一个进程，如正在执行的命令，或者服务器中正在运行的应用程序。对象是文件、设备、套接字等任何可被主题访问的资源。动作是主题对对象执行的操作。SELinux 为对象分配不同的上下文（是一个标签），由 SELinux 安全策略来决定是否允许在对象上执行主题的动作。只要这个对象拥有合适的 SELinux 上下文，则这个动作在 SELinux 中被允许。SELinux 的上下文非常严格，如果非法入侵人员闯入用户的系统并控制了用户的 web 服务器，SELinux 上下文会阻止这个非法入侵人员利用漏洞闯入其他服务和目录，也就是说，非法入侵人员只能在 web 服务进程允许的目录中活动，不会波及其他的进程。

用命令 getenforce 可以查看当前系统的 SELinux 状态。SELinux 有三种模式：enforcing、permissive 和 disable。enforcing 模式就是应用 SELinux 所设定的规则，所有违反规则的操作都会被 SELinux 拒绝，permissive 和 enforcing 的区别在于，前者还是会遵循 SELinux 的规则，但是对于违反规则的操作只会予以记录而并不会拒绝，disable 就是完全禁用 SELinux。也可以在 SELinux 的全局配置文件/etc/selinux/config 中配置 SELinux 的状态，如图 13 - 1 所示。

```
[root@localhost ~]# vim /etc/selinux/config

# This file controls the state of SELinux on the system.
# SELINUX= can take one of these three values:
#     enforcing - SELinux security policy is enforced.
#     permissive - SELinux prints warnings instead of enforcing.
#     disabled - No SELinux policy is loaded.
SELINUX=permissive
# SELINUXTYPE= can take one of three values:
#     targeted - Targeted processes are protected,
#     minimum - Modification of targeted policy. Only selected processes are protected.
#     mls - Multi Level Security protection.
SELINUXTYPE=targeted
```

图 13 - 1 SELinux 的全局配置文件

如前文所述，SELinux 会为进程与文件添加安全信息标签，如 SELinux 的用户、角色、类型以及级别，这些标签是实现访问控制的依据，使用 ls -Z 命令可以看到文件或目录的上下文信息标签，如图 13 - 2 所示。使用 ps -Z 可以查看进程的上下文信息标签，如图 13 - 3 所示。

```
[root@localhost ~]# ls -Z
-rw-r--r--. root root system_u:eference:public_content_t:s0 1
-rw-r--r--. root root unconfined_u:eference:admin_home_t:s0 2
-rw-------. root root system_u:object_r:admin_home_t:s0 anaconda-ks.cfg
drwxr-xr-x. root root unconfined_u:object_r:admin_home_t:s0 iso
[root@localhost ~]#
```

图 13 - 2 ls -Z 命令执行的结果

```
[root@localhost ~]# ps -Z
LABEL                                   PID TTY      TIME CMD
unconfined_u:unconfined_r:unconfined_t:s0-s0:c0.c1023 9763 pts/0 00:00:00 bash
unconfined_u:unconfined_r:unconfined_t:s0-s0:c0.c1023 9965 pts/0 00:00:00 ps
[root@localhost ~]#
```

图 13 - 3 ps -Z 命令执行的结果

对比图 13 - 2 和图 13 - 3 可以发现，ls -Z 比 ps -Z 多出了一些内容，如"system_u:object_r:admin_home_t:s0"，这些信息用":"隔开，第一段是用户字段（身份），即 system_u，第二段是角色字段，即 object_r，第三段是类型字段，即 admin_home_t，第四段是灵敏度字段，即 s0。SELinux 的安全上下文标签见表 13 - 3。

表 13 - 3　SELinux 的安全上下文标签

SELinux 的用户（身份）	每个系统账户都通过策略映射到一个 SELinux 用户，可以使用 seinfo -u 命令查看，"_u"代表 user。常见的用户有下面几种。root：表示安全上下文的用户是 root。system_u：表示系统用户身份。user_u：表示与一般用户账号相关的身份。unconfined_u：不受限制的用户。
SELinux 的角色	主要用来表示数据是进程还是文件或目录。这个字段在实际使用中不需要修改。可以使用 seinfo -r 命令查看，"_r"代表 role。object_r：代表数据是文件或目录。system_r：代表数据是进程。
SELinux 的类型	类型字段是安全上下文中最重要的字段，进程是否可以访问文件，主要是看进程的安全上下文类型字段是否和文件的安全上下文类型字段相匹配，如果匹配，则可以访问。类型字段在文件或目录的安全上下文中被称作类型，但是在进程的安全上下文中被称作域。也就是说，在主题的安全上下文中，这个字段被称为域；在目标的安全上下文中，这个字段被称为类型。域和类型需要匹配（进程的类型要和文件的类型相匹配），这样才能正确访问。可以使用 seinfo -t 命令查看
SELinux 的级别	灵敏度一般是用 s0、s1、s2 来命名的，数字代表灵敏度的分级。数值越大，代表灵敏度越高

　　下面举一个简单的例子说明 SELinux 的工作原理。Apache 的进程 httpd 可以访问/var/www/html（此目录为 Apache 的默认网页主目录）目录中的网页文件，所以 httpd 进程的域和/var/www/html 目录的类型应该是匹配的。图 13 - 4 是 httpd 进程中的上下文，注意它的类型字段是 httpd_t。图 13 - 5 是/var/www 目录的上下文，注意它的类型是 httpd_sys_content_t。这个主题的安全上下文类型经过策略规则的比对，是和目标的安全上下文类型匹配的，所以 httpd 进程可以访问/var/www/html 目录。SELinux 中最常遇到的问题就是进程的域和文件的类型不匹配，所以一定要掌握如何修改类型字段。

```
[root@localhost ~]# ps -auxZ | grep httpd
system_u:system_r:httpd_t:s0    root      9246  0.0  0.3 408088 14080 ?     Ss  09:31  0:02 /usr/sbin/httpd
system_u:system_r:httpd_t:s0    apache    9940  0.0  0.1 408088  7256 ?     S   10:42  0:00 /usr/sbin/httpd
system_u:system_r:httpd_t:s0    apache    9941  0.0  0.1 408088  7256 ?     S   10:42  0:00 /usr/sbin/httpd
system_u:system_r:httpd_t:s0    apache    9942  0.0  0.1 408088  7256 ?     S   10:42  0:00 /usr/sbin/httpd
system_u:system_r:httpd_t:s0    apache    9943  0.0  0.1 408088  7252 ?     S   10:42  0:00 /usr/sbin/httpd
```

图 13 - 4　httpd 进程中的上下文

```
[root@localhost ~]# ls -Z /var/www/html
[root@localhost ~]# ls -dZ /var/www/html
drwxr-xr-x. root root system_u:object_r:httpd_sys_content_t:s0 /var/www/html
[root@localhost ~]#
```

图 13 - 5　/var/www/目录的上下文

　　SELinux 安全上下文的修改和设置的相关命令有 chcon、restorecon 和 semanage 命令。chcon 命令的功能是修改文件和目录的安全上下文，常用的选项见表 13 - 4。

表 13 - 4　chcon 命令常用的选项

选项	功能
-u	修改用户属性
-r	修改角色属性
-l	修改范围属性
-t	修改类型属性

restorecon 命令的功能是把文件的安全上下文恢复成默认的安全上下文,常用的选项见表 13－5。

表 13－5 restorecon 命令常用的选项

选项	功能
-R	递归,当前目录和目录下的子文件同时恢复
-v	把恢复的过程细节显示在屏幕上

semanage 命令的功能是管理 SELinux 的策略,常用的选项见表 13－6。

表 13－6 semanage 命令常用的选项

选项	功能
-a 或--add	添加预设安全上下文
-d 或--delete	删除指定的预设安全上下文
-D 或--deleteall	删除所有的预设自定义上下文
-m 或--modify	修改指定的预设安全上下文
-L 或--list	显示预设安全上下文
-nh 或--noheading	不显示头部信息

13.2 实训练习

13.2.1 查看防火墙的配置

(1) 列出所有 firewalld 区域。

```
[root@localhost~ ]#firewall-cmd --get-zones
```

(2) 列出公共区域的所有配置。

```
[root@localhost~ ]#firewall-cmd --list-all --zone= public
```

图 13－6 是对输出结果的解释。

注意:活动区域至少与 firewalld 中的一个网络接口或源 IP 地址相关联,仅有一个区域可以被标记为 default 区域,添加到系统的任何网络接口都会被自动地分配给该区域。一旦流入的包与区域相匹配,firewalld 就按照该区域的规则来处理这个包。如果包的源地址同与区域相关联的源地址相匹配,则按照该区域的规则来处理包。如果包来自同区域相关联的网络接口,则按照该区域的规则来处理包。否则,按照默认区域的规则来处理包。

```
public (active)
  target: default      这个区域是默认区域
  icmp-block-inversion: no
  interfaces: ens33    与接口ens33关联
  sources:
  services: ssh dhcpv6-client  允许进站的服务
  ports:
  protocols:
  masquerade: no
  forward-ports:
  source-ports:
  icmp-blocks:
  rich rules:
```

图 13 - 6　输出结果

13. 2. 2　防火墙的基本配置

（1）将默认区域设置为工作区域，永久生效。

```
[root@localhost~ ]#firewall-cmd --set-default-zone= work
```

注意：这里是一个特例，不需要加--permanent。

（2）将 ens34 接口与 dmz 区域相关联，并将源 IP 范围 192.168.10.0/24 添加到公共区域，并永久生效。

```
[root@localhost~ ]# firewall-cmd --change-interface= ens34 --zone=
dmz --permanent
[root @ localhost ~ ] # firewall-cmd - -add-source 192.168.10.0/24
--zone= public --permanent
[root@localhost~ ]#firewall-cmd --list-all --zone= public
[root@localhost~ ]#firewall-cmd --reload
```

注意：这里的永久生效要加--permanent 选项。

（3）列出指定区域允许的服务，如区域 public。

```
[root@localhost~ ]#firewall-cmd --list-services --zone= public
```

（4）给指定区域添加指定的服务，即允许通信的服务，如 FTP 服务。

```
[root@localhost~ ]#firewall-cmd --add-service= ftp --permanent
```

（5）在 8080 端口上运行了 HTTP 服务，设置防火墙允许该服务，重启失效。

```
[root@localhost~ ]#firewall-cmd --add-port= 81/tcp
```

13.2.3　SELinux 的基本配置

（1）查看系统当前 SELinux 的状态。

```
[root@localhost~ ]#getenforce
```

注意：显示的三种状态在前文中已经解释过。

（2）使用 sestatus 命令查看更多的 SELinux 信息。

```
[root@localhost~ ]#sestatus
SELinux status:                 enabled
SELinuxfs mount:                /sys/fs/selinux
SELinux root directory:         /etc/selinux
Loaded policy name:             targeted
Current mode:                   permissive
Mode from config file:          permissive
Policy MLS status:              enabled
Policy deny_unknown status:     allowed
Max kernel policy version:      31
```

（3）临时设置 SELinux 的状态为 permissive。

```
[root@localhost~ ]#setenforce permissive
```

（4）查看当前 SELinux 用户的状态（见图 13－7）。

```
[root@localhost~ ]#semanage login -l
```

```
[root@K8s-Mastre ~]#semanage login -l

Login Name           SELinux User         MLS/MCS Range        Service

__default__          unconfined_u         s0-s0:c0.c1023       *
root                 unconfined_u         s0-s0:c0.c1023       *
system_u             system_u             s0-s0:c0.c1023       *
```

图 13－7　输出结果

（5）列出/root 目录下 SELinux 文件上下文（见图 13－8）。

```
[root@localhost~ ]#ls -Z /root
```

（6）把/etc/passwd 文件复制到/tmp，复制文件时保留 passwd 文件的上下文信息。

```
[root@localhost~ ]#cp --Preserve= all /etc/passwd /tmp
[root@localhost~ ]#ls -Z /tmp/passwad
```

```
[root@K8s-Mastre ~]# ls -Z /root
-rw-------. root root system_u:object_r:admin_home_t:s0 anaconda-ks.cfg
-rw-r--r--. root root system_u:object_r:unlabeled_t:s0 calico-3.13.1.yaml
-rw-r--r--. root root unconfined_u:object_r:admin_home_t:s0 CentOS-7.iso
-rw-r--r--. root root system_u:object_r:unlabeled_t:s0 kubeadm-config.yaml
-rwxr--r--. root root system_u:object_r:unlabeled_t:s0 t.sh
drwxr-xr-x. root root system_u:object_r:unlabeled_t:s0 yaml
```

图 13 - 8 输出结果

（7）把/var/www/html/index. html 文件的 SELinux 类型改为 admin_crontab_t 类型，并查看修改结果。

```
[root @ localhost ~ ] # chcon -t admin _ crontab _ t /var/www/html/
index.html
[root@localhost~ ]#ls -Z /var/www/html/index.html
```

（8）/var/www/html/index. html 上下文被修改，导致 httpd 的访问出现故障，现恢复/var/www/html/index. html 的上下文。

```
[root@localhost~ ]#restorecon -Rv /var/www/html/index.html
[root@localhost~ ]#ls -Z /var/www/html/index.html
```

（9）查询系统中所有默认安全上下文。

```
[root@localhost~ ]#semanage fcontext -l
```

拓展实训

1. 查看 public 区域已经配置的规则。
2. 假设 public 区域没有允许 httpd，添加 httpd、https 到默认区域，设置成永久生效。
3. 允许使用 TCP 协议通过 443 端口访问 internal 区域。
4. 允许使用 UDP 协议通过 2048～2050 端口访问默认区域。
5. 显示指定接口 ens33 绑定的区域。
6. 为指定接口 ens34 绑定区域 dmz。
7. 指定的 dmz 区域更改绑定的网络接口为 ens35。

习题

一、选择题

1. 对于防火墙不足之处，描述错误的是（   ）。

   A. 无法防护基于操作系统漏洞的攻击

   B. 无法防护端口反弹木马的攻击

   C. 无法防护病毒的侵袭

   D. 无法进行带宽管理

2. 防火墙对数据包进行状态检测包过滤，不可以过滤的是（   ）。

    A. 源 IP 地址和目的 IP 地址　　　　　　B. 源端口和目的端口

    C. IP 协议号　　　　　　　　　　　　　D. 数据包中的内容

3. 防火墙对要保护的服务器进行端口映射,这样做的好处是(　　)。

    A. 便于管理　　　　　　　　　　　　　B. 提高防火墙的性能

    C. 提高服务器的利用率　　　　　　　　D. 隐藏服务器的网络结构,使服务器更加安全

4. 包过滤防火墙的缺点是(　　)。

    A. 易受到 IP 欺骗攻击

    B. 处理数据包的速度较慢

    C. 开发比较困难

    D. 代理的服务(协议)必须在防火墙出厂之前进行设定

5. 用户身份是通过 SELinux 策略授权特定角色集合的账户身份,每个系统账户都通过策略映射到一个 SELinux 用户。下面哪个命令可以查看 SELinux 用户信息。(　　)

    A. seinfo -u　　　B. seinfo -r　　　C. sudo　　　D. chcon

6. SELinux 的作用是(　　)。

    A. 是防火墙的一部分

    B. 可以用来过滤木马

    C. 用于对 Linux 实现强制访问控制

    D. 用于管理系统的安全进程

二、填空题

1. 防火墙分为硬件防火墙和_____。

2. 启动防火墙的命令是_____。

3. Linux 防火墙区域是_____的集合。

4. firewalld 的配置文件所在的目录是_____。

5. firewall-cmd 命令用于实现永久性配置变更的选项是_____。

6. _____命令可以显示当前用户的 SELinux 状态。

7. SELinux 的安全模型基于主题、对象和动作,这里所说的主题是_____。

三、简答题

1. 描述 Linux 防火墙的功能。

2. 描述 SELinux 的功能。

3. 写出开启 TCP 80 端口的防火墙命令。

4. 什么是 NAT、源 NAT、目的 NAT?

参考文献

［1］丁明一. Linux 运维之道［M］. 2 版. 北京：电子工业出版社，2016.

［2］吴光科. 曝光：Linux 企业运维实战［M］. 1 版. 北京：清华大学出版社，2018.

［3］迈克尔·詹格，亚历桑德罗·奥尔萨里亚. RHCSA/RHCE 红帽 Linux 认证学习指南 EX200 & EX300［M］. 7 版. 杜静，秦富童，译. 北京：清华大学出版社，2020.

［4］潘军. Linux 服务器配置与管理（基于 CentOS 7.2）［M］. 1 版. 北京：中国铁道出版社，2021.

［5］鸟哥. 鸟哥的 Linux 私房菜基础学习篇［M］. 4 版. 北京：人民邮电出版社，2018.

［6］刘遄. Linux 就该这么学［M］. 2 版. 北京：人民邮电出版社，2021.

［7］刘忆智. Linux 从入门到精通［M］. 2 版. 北京：清华大学出版社，2021.